U0303505

昆虫Q&A

Questions & Answers about Insects

朱耀沂◎著　卢耽◎摄影·绘图

商务印书馆
创于1897
The Commercial Press

昆虫Q&A

Questions & Answers about Insects

Chapter 4 形形色色的昆虫

Chapter 5 昆虫与人

Chapter 6 乡土昆虫与保护

朱老师说

写序对我来说并不困难，通常一两个月就要写一篇，通常一两个小时也就可以搞定。可是写这篇序时，我却心潮澎湃，久久不能自已！

《昆虫Ｑ＆Ａ》的内容不像朱老师以往出的书，介绍新奇或深奥的科学，而是聚焦在每个昆虫学者都能写上几句的昆虫学基本知识。然而就像《雨夜花》这首歌，虽然每个台湾人都能哼上几句，但是江蕙唱的就是不一样！《昆虫Ｑ＆Ａ》在朱老师写来，就是不一样！我的感觉是，作者和内容一样精彩，甚至更重要。因此，我决定抛弃以往写序的方式，把焦点放在作者。或许大家能从我的"朱老师说"，一窥本书背后发人深省的内涵。

朱老师说："石头仔！你一定要超越我！"自1980年起跟着老师治学，至今刚好满30年，说师恩浩荡太嫌俗气，但就是这个样子。30年来，我谨守师命，无时不以超越他为最高目标。他年届退休时，我还耍赖地写下："先生！稍等一下！再给我一些时间，你会老，我会长大，我们走着瞧。"现在想起不自觉地汗颜！老师不以自己成就为先，无时不在营造学生超越他的环境，如此胸襟实在让人感动！

朱老师说："大学教授不要做小学老师做的事。"老师治学严谨，进退有据。当他还在大学教书时，不管发表论文或写文章，都不离农业昆虫方面的研究。退休后他才开始写作出书，天南地北地谈论昆虫及其他风花雪月之事。很多人都知道，这是他擅长的，也是他所热爱的。一个教授能那么自律，那么谨守分际，实在是大学之福。

朱老师说："写一些对台湾无用的论文干什么！"当初老师在选择研究方向时，念及台湾各式农业害虫的防治资料缺乏，决定走通才这条路，将自己的研究范围拉大。多年来他不忘初衷，勤于为台湾的农民解决问题，用台湾人看得懂的话写文章。当年五四运动的健将们曾大声疾呼，要让科学说中国话，谁也没想到几十年后，在台湾，一个国语讲得不太流利的老教授要让昆虫学说中国话！

朱老师说："看昆虫就像看电影明星一样。"老师记忆力超强，几乎每只台湾的昆虫他都叫得出名字来，更离谱的是，连学名都可以拼出来。有一次我好奇地问他，为什么有办法记得那么多昆虫的学名？他倒反问我，为什么有人可以记住那么多明星的名字？他的结论是："如果是你喜欢的东西，看一遍后，想忘也忘不了。""朱老师说……""朱老师说……"，不知有多少"朱老师说……"萦绕在我的脑海里。作为他的门下，我有许多机会一窥一代学者的风范，实属荣幸。希望读者们也能与我一样，在读本书之余，享受那种如沐春风的感觉！

台湾大学昆虫学系系主任
暨台湾昆虫学会理事长

关于《昆虫 Q&A》的 Q&A

1997 年我届龄退休，从过去教学、研究的生活转换跑道，开始撰写以昆虫为主的科普性文章。退休前我主要从事农业昆虫的研究，为了了解害虫，搜集了不少相关的资料，其中包括一些极有趣、但与害虫防治无直接关系的数据。虽然这些话题值得介绍，但因为公务繁忙，加上在我观念里领的是台湾大学植物病虫害学系（现在已分成昆虫学系与植物病理微生物学系）的薪水，就该做与植物病虫害有关的事，否则对不起台大，更对不起纳税人，因此我一直把撰述与农业害虫无关的事搁置在一旁。退休后，我从这种义务中解放出来，海阔天空，进入可以去做自己想做的事的境界，如此开始我的笔耕生活，写了十多本书。

昆虫的种类实在太多了，有写不完的话题。至今既知的种类数已迫近两百万种，占整个动物界的 75% 至 80%，每种昆虫都有它独特的身体构造、外形和生活习性，要逐一介绍它们是不可能的事，只能从其中的一小部分种类下手。坊间所见的一些昆虫书大多偏重于昆虫的外形如何、生活上的表现如何、怎样美丽又可爱等表面性的描述，或许我因为多年埋首研究害虫的生活，一直想探求"它为何这样？这样对它的生活有什么好处？"，并且进一步想到，它们为了得到这种好处，必定在身体上做了一些牺牲或妥协，它们能不能利用于害虫的防治？它们所得到的特殊功能可否利用于我们的生活上？

以在沙地制造倒圆锥形陷阱、捕食蚂蚁维生的蚁狮为例，它们在长达一两年的幼虫期不排泄，过了蛹期变为成虫，才到外面的世界做生平第一次排泄。多种农业害虫的克星寄生蜂的幼虫也是如此，它们在寄主体内发育时封闭肛门不排泄，因为一旦排泄必然引起寄主体内免疫系统的活动，要等到羽化出现在野外才排泄。如果我们像它们那样憋尿、便秘，后果会如何？它们的身体到底怎样回避代谢物质的毒性？这种机能在医学上已有进一步的探讨了。

我念昆虫专业的目标之一就是以昆虫造福人类，研究害虫的宗旨也是如此，希望以对昆虫负面的效果来为人类谋福祉。我想，为了达成这种目标，应从最基本的了解昆虫做起，因此在本书里，我以我们较熟悉的昆虫为主，以 Q&A 的方式撰写了一百四十则介绍昆虫知识的短文。这些问题之于近两百万种的昆虫，实在微乎其微，可谓九牛一毛，不敢奢望我的解答令人满意，只期望读者能体会到昆虫不只是美丽可爱或扰人可怕，它们可是愈研究愈有意思呢！

朱耀沂

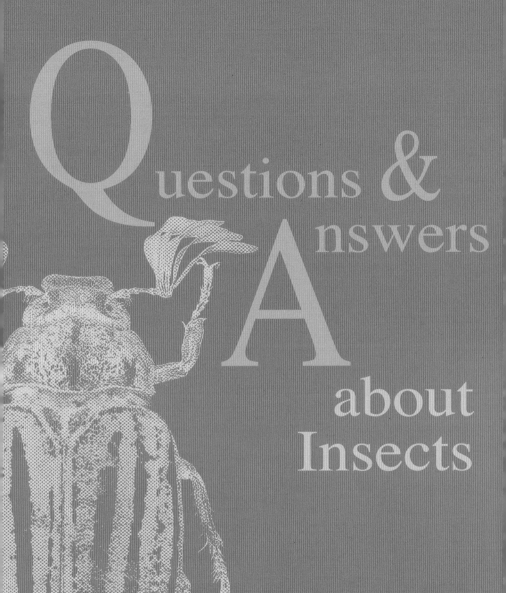

Questions & Answers about Insects

CHAPTER 1

认识昆虫

什么是昆虫？

过去科学不够进步，中国古代的人把一切动物都叫做虫，例如有羽之虫、有毛之虫、有甲之虫、有鳞之虫等，汉代以后对动物才开始有较明显区分，比较经典的分法是分成"虫鱼鸟（禽）兽"四类。"鸟"指的是鸟类；"兽"指的是哺乳类动物；除了鱼之外，所有的无脊椎动物都被归为"虫"，外形怪异、不太好看的爬行类、两栖类也归在"虫"部。蝙蝠虽是哺乳类动物，但由于在夜间出没并呈现黑灰色的怪状，也被归在"虫"部。

我们现在说的昆虫，指的是昆虫纲的虫子，昆是"后代"、"众多"、"各种各类"的意思。有人将"昆蟲"写成"昆虫"，以"虫"为"蟲"的简化字，严格地讲这二者是有差别的。"虫"虽是"蟲"的异体字，但它属于象形字，是依据蛇的大头以及弯

甲骨文的"虫"字，虫是象形字，上面代表蛇的头部，下面的弯曲笔画象征蛇的身体。

曲的外形所造，也就是"爬"的古字。

从水栖的蜉蝣、蜻蜓，到我们周遭很常见的蟑螂、蝴蝶、蚂蚁，都是昆虫，但是像蜈蚣、蜘蛛、螃蟹、虾、蚯蚓、蝙蝠、蛇、蛙、蛤、蚵等虽有"虫"字边，却不属于昆虫；蛔虫、鞭毛虫、变形虫等，名字虽然也有"虫"字，但并未具备昆虫的基本特征。

蜥蜴（台湾龙蜥）为具有4只脚的爬行类。

螃蟹是节肢动物的一种，与昆虫的亲缘关系较接近。

青蛙（台湾树蛙），除了"昆虫"之外，两栖类与爬行类动物在中国古代也被归为"虫"。

扁锹是常见的昆虫。

昆虫有哪些基本特征？

昆虫的主要特征是成虫的身体由头部、胸部和腹部组成，从胸部长出3对足。一般人常常以为蜘蛛是昆虫，其实它不是。蜘蛛虽然看起来很像昆虫，但它有4对足，而且没有胸部，更精确地说，蜘蛛看起来相当于头的部分是由头和胸部愈合而成的，叫做"头胸部"。

昆虫的身体由多个体节接合而成，外面用几丁质形成的外骨骼包住，在发育的若虫、幼虫期，随着身体的长大，蜕去旧皮并形成新的外骨骼。昆虫的体节数依种类而异，头部由数个体节愈合而成，长有1对触角，大、小颚则是由每一体节的附属肢变形的。

虽然6只足是昆虫的特征，但也有例外。例如刚孵化的螨蜱也有6只足，但它们长大后变成8只足。相反地，一些蛱蝶前脚退化或平常折叠起来，乍看像是只有4只足。而就头、胸、腹部的分割来说，西瓜虫的身体分成头、胸、腹3个部分，但与昆虫不同的是，胸部共有7个体节，每一节长了1对足，共有7对足。西瓜虫的腹部共有5节，各节也长出1对足，胸、腹部合起来共有12对足。至于昆虫，胸部可分成前、中、后胸3节，各节长出1对足；腹部基本上是由不长足的10个体节形成的。

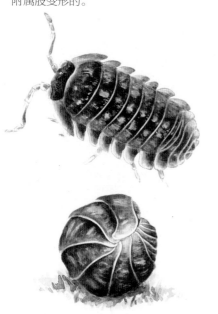

西瓜虫(球鼠妇)是甲壳纲等足目的动物。

螨蜱的体型较小，分为寄生、植食、猎食等种类。

棉蝗的外部构造图

触角

足

翅膀

头

胸

腹部

蜘蛛(皿云斑蛛)有8只脚，体躯分为头胸部与腹部两部分，但名字也有虫字边。

昆虫的亲戚有哪些？

马陆俗称千足虫，属于倍足纲，每个体节有 2 对足。

昆虫的身体由一些体节组成，不但体躯分节，脚也一样有节，所以属于节肢动物。会罗网的蜘蛛，有很多只脚的蜈蚣和马陆，在水中生活的螃蟹、虾，也是脚上有节的节肢动物，算是昆虫的远亲。

被认为是节肢动物共同祖先的化石，发现于 5 亿多年前（比原始型昆虫早 1 亿 5000 万年出现）寒武纪的海底地层。它的身体像毛毛虫分成一节一节，每个体节都有 1 对圆锥形的足，在分类学上属于有爪类。与它身体构造类似的有爪类现在仍生活在热带、南半球的森林里，这些有爪类体长约几厘米至 20 厘米，晚上在林床爬动、觅食，以昆虫等小动物为食，由于它们的脚呈重叠的圆环状，脚端有 1 对钩状爪，因而被称为有爪类。

最早从原始型有爪类进化而成的节肢动物是三叶虫，它在古生代很繁荣，于二叠纪末期和一些动物一起灭绝。从三叶虫演化而来、目前仍留存的活化石——鲎，和在古生代繁荣的海蝎、蜘蛛、螨蜱、蝎子有近缘关系，它们因为第一体节上的脚端皆呈铗状，而被称为"螯肢类"。螯肢类中最早登上陆地生活的是蝎子类，已在志留纪的地层发现它的化石，在后来的石炭纪地层更曾发现体长将近 1 米的巨蝎子

化石。陆生的螯肢类被归入节肢动物中的蛛形纲，它们比昆虫早一步在陆地上建立生活基盘，但不知何种原因，后来竟不如昆虫繁荣。蛛形纲中还算繁荣成功的是以昆虫为食的蜘蛛类，和以其他动物为寄主或植食性的螨蜱，各约有 4 万及 5 万种，但和已知种类数近 200 万种的昆虫相比，还是差一大截。

留在水域生活的螃蟹、虾等甲壳类，虽然是底栖性，但也有像海蚤等成为浮游生物的，或是附着于岩礁或寄生在鱼体，生活方式相当多样的，甚至有鼠妇、西瓜虫等登陆生活的少数甲壳类。

节肢动物中的多足类，如蜈蚣、马陆及蚰蜒等，它们的主要特征是每一个体节有 1 对足。虽然马陆看起来每一个体节有 2 对足，而有"倍足类"之称，其实第 5 节以后的 2 个体节合成 1 节。多足类早在石炭纪以前就开始在陆地上生活，曾出现体长 1.5 米的巨大蜈蚣的化石。虽然多足类以多脚有名，但它们更重要的特征是头部的附属肢演化为大颚和 1 对触角。甲壳类则具有颚、颚足和触角各 2 对；蛛形纲没有触角，但有呈剪刀状的足（螯足）。从这点来看，多足类是昆虫最近的亲戚。

鼠妇具有 7 个胸节、5 个腹节。

蝎子是最古老的陆生节肢动物之一，后腹部细长，末端有尾刺，内有毒腺。

鲎长得像装甲车，也是节肢动物。

蜘蛛也是节肢动物，但有 4 对足。

CHAPTER 1 认识昆虫

昆虫是如何演化的？

　　昆虫的英文是 insect，由 in（有）和 sect（分割、切开）组成，表示昆虫是身体有分节的动物。

　　其实身体分节并非昆虫独有的特征，属于环节动物的蚯蚓也有明显的体节。不但如此，在寒武纪初期繁荣一时、现已绝迹的三叶虫，也有分节的身体。由此可知身体分节的历史相当悠久，而且这是对它们生活极有利的构造，就像 100 米长的车辆只能直走，若是分成几个车厢，还能走些弯路。

　　与三叶虫大约同时，也在海域中生活的是有爪类的祖先，它们发展出以气管呼吸的功能，得以脱离水域生活，成为真正的有爪类，现在我们看到的马陆、蜈蚣，便是从有爪类演化而来。

　　虽然马陆、蜈蚣每一体节各有 2 对或 1 对足，但它们在幼生期的体节、足数都不多，甚至孵化时与昆虫一样有 3 对足。这种随着蜕皮增加体节以及足的发育叫做"增节变态"。被认为最原始型的昆虫——原尾虫，就是以这种方式发育的。

　　有些专家认为部分马陆、蜈蚣在发育初期发生突变，导致外部形态改变，足数停止增加，但内部构造并未受到突变的影响，而仍继续发育，进入具备繁殖能力的成熟期。有人据此主张，昆虫是马陆、蜈蚣在维持幼生期特征的过程中演化出的一群动物。

三叶虫虽然已经灭绝，不过有大量的化石标本可供科学家研究。

有爪类也称为栉蚕，在地球上已经存活了5亿年。

每对体节有1对足的蜈蚣。

CHAPTER.1 认识昆虫

现存最原始的昆虫是哪一类?

原尾目是现存最原始的昆虫,主要生活在腐叶中,身体呈圆筒形,体长仅0.5~2.0毫米,无翅,已知超过700种,分布范围广泛,凡是有土地、有植物的地方都有它们的踪影,但很少人注意到它们的存在,直到1907年才在意大利被发现,1960年在中国台湾首次被发现。据专家们估计,在森林里约1平方米的林床应有100只至1万只的原尾目昆虫。

原尾虫是"增节变态"的昆虫。

原尾目前足呈镰刀状,举在头部侧方,只用中、后两对足行走,因而有"镰足虫"的别称。它的头部呈圆锥形,没有单眼和复眼,也没有触角,以镰刀状的前足代替触角的功能。和其他昆虫不同的是,它把口器收进头盖中,只伸出针状的大颚来吸食腐叶中的汁液。它没有气门,靠皮肤呼吸。由于外骨骼不发达,因此未曾发现它的化石。

原尾目最特别的地方是变态方式。刚孵化的若虫只有8个体节,在之后的3次蜕皮中,各增加1节,最后变成11节,这种"增节变态"在虾等甲壳类和蜈蚣、马陆身上很常见,在昆虫中却是唯一的。

由于原尾目与其他昆虫在许多方面皆不同,后来有专家将它和弹尾目、双尾目从昆虫纲中独立出来,另设原尾纲、双尾纲、弹尾纲。

跳虫又名弹尾虫。

CHAPTER.1 认识昆虫

现存最原始的肉食性昆虫是哪种?

双尾虫类是现存最原始的肉食性昆虫，它们是无翅的昆虫，属于无变态类，已知近400种，体长大多不到1厘米，腹端有1对钳子状的尾铗或丝状的尾须，但捕食时并不使用它。双尾虫生活于枯叶底下，虽然栖息只数不多，1平方米的落叶下顶多只有几十只，但它们经常敏捷地爬走，并非不容易找到的昆虫。比如在草原或树林里翻开石头、腐叶，常会发现白色、细长的小虫，那往往就是双尾虫。从昆虫的演化过程来看，双尾虫是仅次于原尾虫、跳虫的第三原始型昆虫，前面两群各是腐食性及植食性，双尾虫则是肉食性昆虫的开山始祖，以土中及地表的小动物如原尾虫、跳虫的若虫维生。

双尾虫没有复眼，也没有单眼，但有很长的触角，至少占体长的三分之一，3对足相当发达，适合爬行觅食。虽然它

的口器大部分隐藏在头部下面，属于内颚型，但大颚上有牙齿可以咬食，具备当肉食者的基本条件。

铗尾虫的腹部末端有钳状尾铗。

双尾虫的腹部末端有丝状尾须。

CHAPTER 1 认识昆虫

什么是化石昆虫？

　　昆虫因为有外骨骼，绝迹后以化石形态留下存在记录的机会很多，那些在岩石上留下生存证据的昆虫，就是所谓的"化石昆虫"。虽然依照专家们的分类方法、观点，有不同的答案，一般认为在古生代至中生代时绝迹的昆虫有以下 10 个目。

　　1.旧翅类（只有简单的翅膀，或类似现在的蜻蜓、蜉蝣的昆虫类）：古网翅目、疏翅目、原蜻蜓目、明翅目；发现于 4 亿至 2 亿 5000 万年前的石炭纪至二叠纪之地层。

　　2.初翅类（类似蟑螂、蝗虫等的不完全变态类）：原直翅目、华翅目、矮翅目、原甲翅目、巨翅目；发现于石炭纪至 2 亿年前的三叠纪之地层。

　　3.新翅类（类似现在的草蛉等的完全变态类）：舌翅目；发现于二叠纪至 1 亿 5000 万年前的侏罗纪之地层。

疏翅目

原直翅目

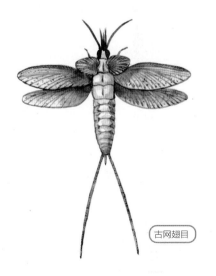

古网翅目

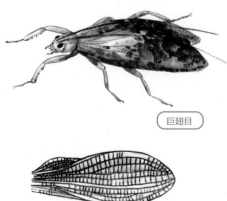

巨翅目

舌翅目的前翅

什么是活化石昆虫？

自从在地球上出现以来，几乎维持同样形态和构造，甚至生活方式也始终如一的昆虫，叫做"活化石昆虫"，像蟑螂、蛩蠊、昔蜓等都是出了名的代表性种类。

蟑螂体型扁平，呈黑色至褐色，身体油亮，不擅长飞行，善于疾走，具杂食性，这些都是很适合在石炭纪密林林床生活的特性，因此那时期的蟑螂和现在我们看到的蟑螂差别不大，不论身体构造或生活方式，都极为相似。

在2亿年前左右出现的昔蜓，只分布于日本和喜马拉雅山麓，是色蟌和蜻蜓的中间型。它的复眼、飞翔方式、连结交尾方式、稚虫（若虫）短胖的身材，都和

蜻蜓很像。但昔蜓与色蟌类也有不少共通之处，例如前后翅膀大致大小相同且同型，多生活在河畔，不直接晒太阳，稚虫有尾鳃等。

昆虫以外的活化石动物，则有鲎、鹦鹉螺、腔棘鱼、娃娃鱼、鸭嘴兽等等。

蛩蠊

蟑螂

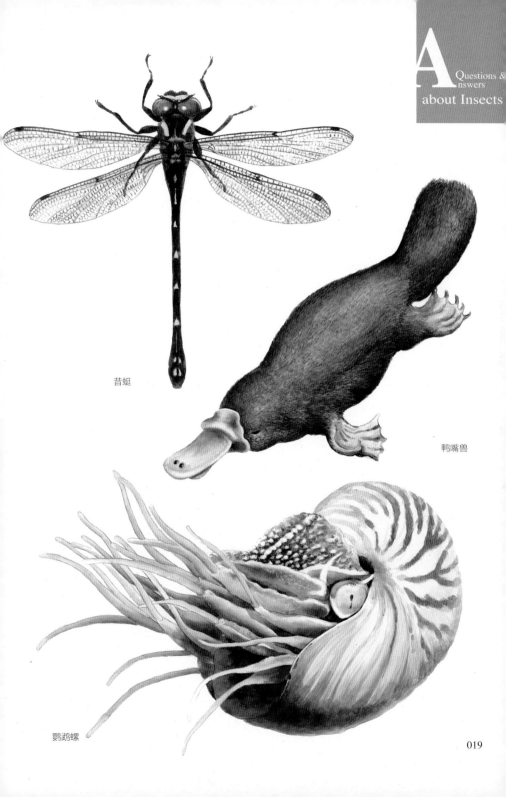

昔蜓

鸭嘴兽

鹦鹉螺

CHAPTER 1 认识昆虫

和恐龙同时期活动的昆虫有哪些？

螳螂也是地球上元老级的昆虫。

2亿5000万年前至7000万年前的中生代有"爬行类时代"的别称，其中侏罗纪及白垩纪更是以多种恐龙活跃而有名。从已发现的化石可知，和恐龙一起活跃于中生代的昆虫不少。

其实早在古生代泥盆纪即出现无翅的弹尾虫，到了石炭纪出现祖先型的蜻蜓、蟑螂、蝗虫类，至二叠纪出现甲虫、蝇等完全变态类的昆虫，在中生代初期的三叠纪出现被子植物，蜂等膜翅目也相继现身，但原蜻蜓目、古网翅目、原直翅目昆虫则在此时期绝迹。

恐龙开始繁荣的侏罗纪是昔蜓、晏蜓的活跃时期，随着被子植物的茂盛，甲虫、蜂、蝇等以花粉、花蜜为食的昆虫也趋于繁荣，直到今日。到了白垩纪，才出现原始型蛾类，螳螂、白蚁、跳蚤等也大致在这个时期出现。

恐龙与昔蜓

白蚁是地球上最早出现的社会性昆虫。

CHAPTER 1 认识昆虫

世界上有多少种昆虫？

这是很难回答的问题，有人说已知的昆虫已超过 100 万种，有人说接近 200 万种，更有人认为已接近 300 万，而最保守的估计也有 70 万种。没有人能够提出正确的答案，因为新种仍陆续被发现，据估计每年约增加 5000 至 6000 种。另一方面，依照现有标本详细检查，有时会发现过去被视为不同种类的昆虫，其实是同一种类而并成一种，因此昆虫的种类数每年都有一些变动。

一般将昆虫分为 32 个目，其中有翅昆虫占了极大的部分，而且完全变态类昆虫（从幼虫长大为成虫前要经过蛹期）的种类数远多于不完全变态类（从相当于幼虫的若虫直接变为成虫）。已知种类数最多的目为鞘翅目（甲虫类），约有 60 万种；鳞翅目（蝶、蛾类）次之，约有 30 万种；再次为双翅目 25 万种、膜翅目 23 万种、半翅目 15 万种、直翅目 3 万种。种类数最少的是不到 50 种的蛩蠊目、螳螂目、缺翅目，这 3 个目的昆虫并未分布于台湾。

从 20 世纪 70 年代开始的热带雨林树冠部生物相调查可知，雨林里有难以计数从未被记录过的昆虫；在中美洲采得的甲虫当中，6 成以上都是未曾被记录的新种。从昆虫的食性、栖所偏好性等做整体考虑，专家估计昆虫的种类数应该超过 1000 万种，甚至有人大胆提出 7000 至 8000 万种的预估值。

缺翅目又名绝翅目，罕见且体型小，外观类似白蚁，是一种土栖的小昆虫。

甲虫是世界上种类最多的生物类群，图为黑蜣。

螳䗛目的形态特征介于螳螂与竹节虫之间，属肉食性，是 21 世纪才发现的昆虫。（杨曼妙摄）

CHAPTER 1 认识昆虫

昆虫的分类从何时开始?

昆虫的分类工作,可以追溯到古希腊时代。有"生物学开山始祖"之称的哲学家亚里士多德(公元前 384 年 ~ 前 322 年),最先注意到昆虫的翅膀形状和口器构造,并着手进行分类。

他在动物中设了 Entoma 一群,把身体具有环节(即分节)的动物归在这类,昆虫学的英文 entomology 就是源自于此。

他将 Entoma 分成以下几类(括号内为现在的分类群)。

A. 具有毛或膜质翅膀者:1. 鞘翅类(鞘翅目);2. 跳跃类(直翅类);3. 无口类(蜡、半翅类);4. 蝶类(鳞翅目);5. 四翅类:a. 大型类(广义的脉翅类、部分直翅类)、b. 后针类(膜翅目);6. 双翅类(双翅目)。

B. 有翅或无翅者:1. 蚁(蚂蚁);2. 萤(萤火虫)。

C. 无翅者:蜘蛛、蝎子等。

亚里士多德的一些分类观点至今仍被沿用,例如直翅目(Orthoptera)、半翅目(Hemiptera)、鳞翅目(Lepidoptera)、双翅目(Diptera)等目名中出现的"翅"字,乃取自希腊语表示翅膀的 pteron。

此外,他也观察到无翅型工蚁、有翅型生殖阶级的蚂蚁和无翅型萤火虫雌虫的存在。

但真正奠定了近代生物分类学基础的是瑞典生物学家林奈(1707 年 ~1778 年),

亚里士多德

他自 1735 年起出版《自然系统》,在第 13 版中,他把生物分成为界、纲、目、属、种 5 个阶元,例如最常见的菜粉蝶为动物界、昆虫纲、鳞翅目、粉蝶属的一种。

此后随着动植物种类数的增加,开始在形态、构造、特征上做进一步的细分,因此在界与纲,以及目与属之间,各设门与科。

现在菜粉蝶的分类地位为动物界、节

《自然系统》第10版的封面

林奈

肢动物门、昆虫纲、鳞翅目、粉蝶科、粉蝶属的一种。

林奈着手进行昆虫的分类是两百多年前的事，以今日发达的分类学来看，他的分类有明显的错误或不合理之处，例如将一些甲虫（今被归于鞘翅目）和蝗虫、蟋蟀归在直翅目，蜻蜓具有2对透明的翅膀而将它和草蛉归在脉翅目等。但瑕不掩瑜，林奈创新的分类系统成为现今昆虫分类学的基础。

林奈把昆虫分成以下7个目：直翅目、半翅目、鳞翅目、脉翅目、膜翅目、双翅目、无翅目。其中直翅目包括现在鞘翅目的多种昆虫，脉翅目包括现在的长翅目、广翅目等，至于无翅目，除了现在的无翅亚纲外，也包括虱子、跳蚤以及蜈蚣、马陆等的多足类，蜘蛛、螨蜱等的蛛形类和螃蟹类。此外，"双名法"的确立，即以属名加上种名组成一种动物或植物的学名，也出自林奈的贡献。

什么是学名？

蝴蝶的英文是 butterfly，法文为 papillon，德文为 Schmatterlinge，在不同的语言或地区里有不同的称呼，如此一来在生物学的国际交流上造成不少不便和困扰，因此自 16 世纪起，欧洲一些学术先进国家开始倡议为动植物制定国际通用的名称，但由于各国专家没有取得共识，命名工作一直各唱各的调，直到 18 世纪林奈提出了使用拉丁语，并归纳出较为简单明了的命名规则，才成为现在我们所用的学名基础。

以菜粉蝶为例，它的学名为 *Pieris rapae*，*Pieris* 是属名，*rapae* 是种名，相当于我们的名字由姓和名组成，故有"双名法"之称。学名必须使用拉丁语或拉丁语化的其他语言，而且绝不容许"同姓同名"。

关于种名部分，在不同的动物中可以重复使用；但相当于姓的属名，在整个动物界不可重复。换句话说，只容出现"异姓同名"，即一种动物只有一个学名，且一个学名只代表一种动物。不过由于动物和植物的学名命名规约是完全独立的，所以偶尔会出现学名相同的动物和植物。大多数的学名都有它的含义，不是随便取的，只是因为用的是我们很生疏的拉丁语，所以往往令人觉得高深莫测、望而生畏。例如蜜蜂的学名是 *Apis mellifera*，属名 *Apis* 是"蜜蜂"的希腊语，种名 *mellifera* 由表示"蜜"的形容词 *melinus* 与表示"持有"的 *ferō* 组成，整个学名的含义是"持有蜜的蜜蜂"。

目前所知的动物种类最保守估计已超过 100 万种，属名多达上万个，若新发现的动物准备取的属名已用在另一群动物上，只能另取新名。

命名不是简单的工作，除了要有专业知识判断该物种是不是未曾发表的动物外，还要熟知学名的命名规约，这是资深分类专家才能做到的事。

菜粉蝶是最常见的蝴蝶之一。

西方蜜蜂是养蜂人家经常饲养的蜜蜂。

世界最大的昆虫有多大?

现存体型最大的昆虫,是分布于非洲中部的大王花金龟雄虫,体长从头角尖端至腹端算起长达 12 厘米,体重为 70 至 100 克,约有小孩子的拳头大。

若只就体长来看,此项冠军应是产于马来西亚的亚甘那竹节虫,它有 45 厘米的体长。甲虫中的体长冠军则是分布于中南美洲的长戟大兜虫,体长可达 17 至 18 厘米,其中的 7 至 8 厘米是犄角。若是触角也算进去的话,分布于新几内亚的华莱士白条天牛体长达 26 至 27 厘米,其中触角就占了 20 厘米。

若以翅膀展开时的长度来看,产于澳洲的大力士天蚕蛾,雌蛾展开翅膀时,两枚翅膀顶端的距离(即翅开展)长达 20 厘米。

但这些现存的昆虫巨无霸,和已绝迹的巨蜻蜓比起来,还是小巫见大巫。巨蜻蜓是石炭纪至二叠纪时期(3 亿至 2 亿 5000 万年前)活动于羊齿、裸子植物密林里的一群昆虫,属于原蜻蜓目,翅开展达 60 至 70 厘米。至今已知十余种古蜻蜓目昆虫,其中最大型的是莫氏巨蜻蜓,翅开展超过 70 厘米。对照台湾目前看得到的最大型蜻蜓巨圆臀大蜓,翅开展为 13 厘米,就知道莫氏巨蜻蜓有多么巨大了。

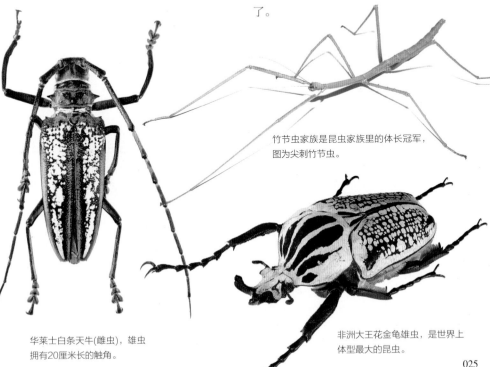

竹节虫家族是昆虫家族里的体长冠军,图为尖刺竹节虫。

华莱士白条天牛(雌虫),雄虫拥有 20 厘米长的触角。

非洲大王花金龟雄虫,是世界上体型最大的昆虫。

CHAPTER.1 认识昆虫

世界最小的昆虫有多小?

根据"世界吉尼斯纪录",世界上最小型的昆虫是缨甲科的一种甲虫,以及缨小蜂科的一种卵寄生蜂,它们只有约 0.2 毫米的体长。其实还有比这两种更小的昆虫。

在 1923 年发现的一种蓟马卵寄生蜂雌蜂只有 0.18 毫米的体长,但这个纪录有可能被打破。因为寄生于寄主体内的寄生蜂,它的身体一定比寄主小,若是在寄生蜂的卵上发现另一种寄生蜂,即所谓的次级寄生者,它的身体必定比当寄主的卵更小。虽然昆虫的种类数已突破百万大关,但多数专家认为今日发现的种类不过是冰山之一角,在未知的昆虫中应该包括许多超小型的昆虫才对。

谈论最小的昆虫有多小,不只是很有趣的题材,还具有严肃的意义。因为身体愈小,形成虫体的细胞数愈少,此时一个细胞要兼备数种功能,就像一个小公司,一人身兼数职一般。到底昆虫的体细胞可以兼备多少种功能,才能维持一只昆虫正常的生活?若能深入探讨最小型昆虫的身体构造及生理机制,势必对生物工程学的发展有很大的帮助。

缨小蜂

蓟马卵寄生蜂

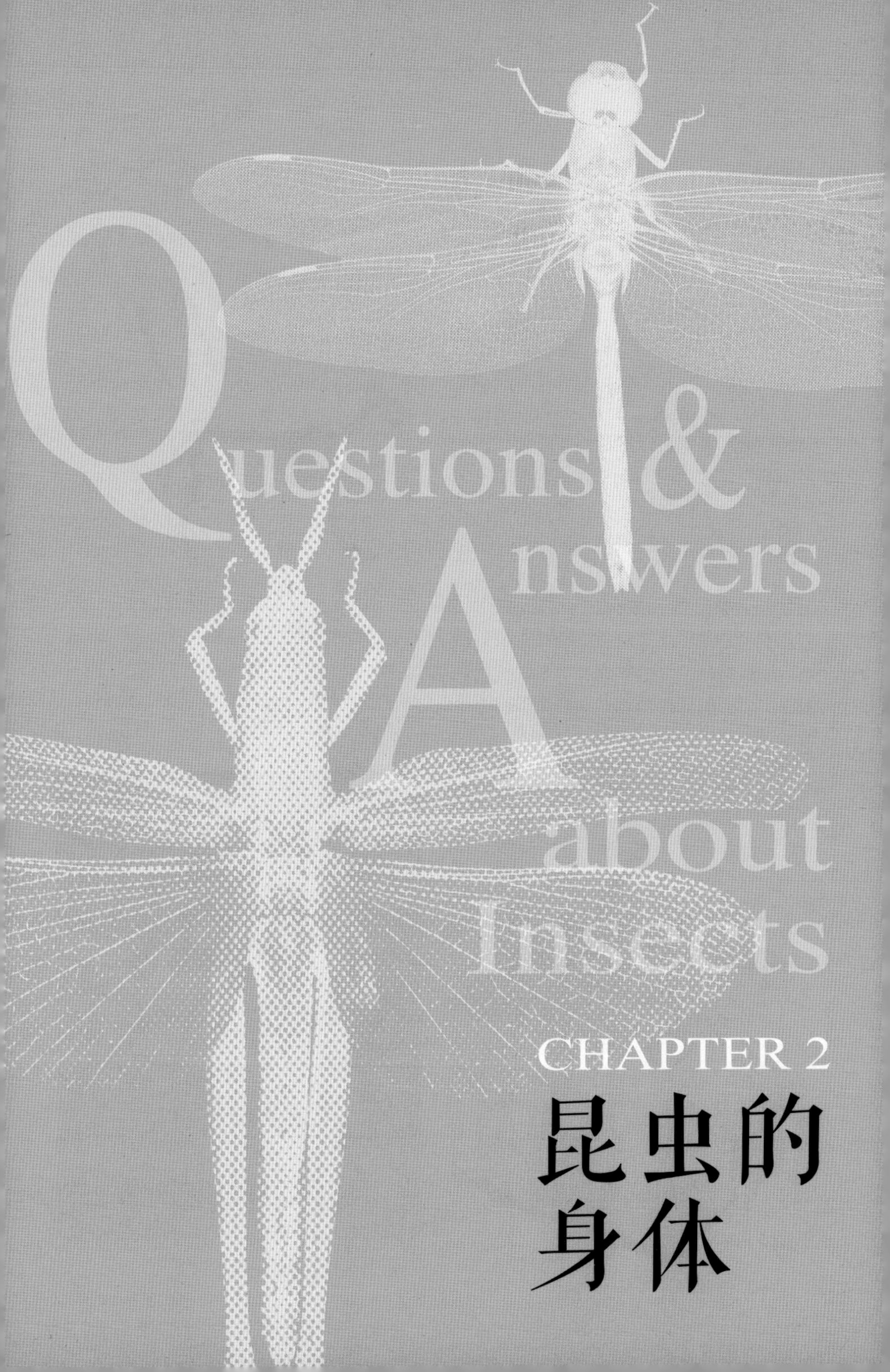

Q

Questions &

Answers

A

about

Insects

CHAPTER 2

昆虫的
身体

CHAPTER 2 昆虫的身体

昆虫有没有骨骼？

昆虫有骨骼，但它们的骨骼和人类的很不一样。

包括人在内的脊椎动物，骨头都是长在身体里面，以皮肤包住，叫做内骨骼。昆虫的骨骼则是长在身体外面相当于我们皮肤之处，因而叫做外骨骼，昆虫的消化、神经、循环系统，以及相当于我们内脏的各个器官，包括肌肉，都在外骨骼里面，受到外骨骼的保护。另外，外骨骼还提供肌肉的附着点，使昆虫能表现出各种敏捷的动作。外骨骼的主要成分是几丁质。

外骨骼还能抑制体内水分的蒸散，防止病原菌侵入。分布在兰屿的球背象甲，外骨骼特别发达坚硬，鸟类啄食它后无法消化，因此鸟类看到球背象甲根本不想吃它。

外骨骼之关节

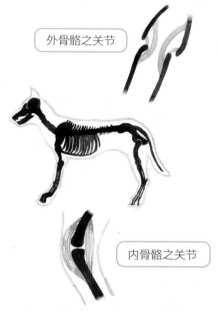

内骨骼之关节

外骨骼表皮构造图

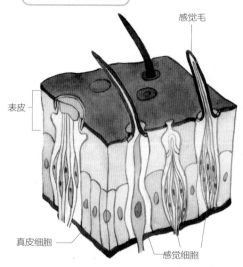

表皮

感觉毛

真皮细胞

感觉细胞

大圆斑球背象甲，拥有坚硬的外骨骼。

昆虫的触角有什么用途？

　　昆虫的头上有一对触角，有长有短，最长的应是分布于新几内亚的华莱士白条天牛的雄虫，体长约 8 厘米，却具有长达 20 厘米的触角；分布在中国台湾的蓬莱狭胸白天牛，体长仅 3 至 3.5 厘米，触角竟有 10 厘米长。相较之下，蝉、蜻蜓的触角就短小得像根毛。昆虫的触角不但长短不一，形状的变化也多，有像蝴蝶的球杆状，蝗虫的短杆状，蟋蟀、螽斯的长丝状，金龟子的鳃叶状，蚂蚁的弯曲膝状，家蚕雄蛾的羽双栉齿状，长花蚤的栉齿状等。

　　这些触角可不是装饰品，而是具有多重功能的器官。例如华莱士白条天牛雄虫相遇时，会互相较量谁的触角长，触角长通常表示体型大、力气也大。触角短的在触角长的示威下，会知难而退。蟑螂在休息时会像我们手拉手似的，互相接触丝状触角的末端，来确认同伴的存在，但触角最主要的功能还是感觉，触角上有味觉、嗅觉、触觉等多种感觉器，用于寻偶、取食等，雄蚊触角的环节上甚至还有轮生的毛，作为它的听觉器，用来寻偶。

　　昆虫的触角之所以有这么多功能，和昆虫体型小有关。动物的体细胞的大小不受身体大小的影响，直径大约 10 微米，体型娇小的昆虫因为细胞数不多，一个细胞或器官必须兼负数种功能，这种现象也发生于触角。触角的功能不容轻视，昆虫的神经细胞只有 10 至 20 万个，是人类的百万分之一，昆虫把 98% 的神经细胞都用在感觉上，这就是昆虫能够表现出多种优异反应的原因之一。而人类用于感觉的神经细胞只有千分之一而已，其他都用于思考、记忆。

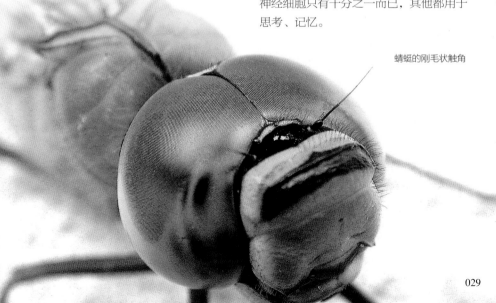

蜻蜓的刚毛状触角

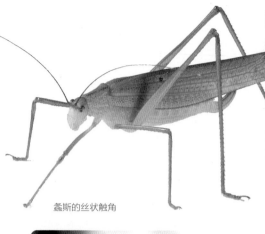

螽斯的丝状触角

金龟子的鳃叶状触角

蝴蝶的棍棒状触角

长花蚤的栉齿状触角

六星白天牛的长触角

蚂蚁的膝状触角

家蚕雄蛾的双栉齿状羽毛触角

CHAPTER 2 昆虫的身体

昆虫为什么有复眼？

　　昆虫的眼睛分为单眼和复眼，单眼主要用来感觉光线的强弱，无法看清楚东西，因此昆虫还具备构造较复杂的复眼。

　　不妨捉一只蜻蜓来观察它的头部。它的头部主要被一对大眼睛（复眼）所占据。用显微镜观察后，可以发现一只复眼上有两万多个六角形，而每一个六角形都是可以看到东西的小眼睛（小眼）。这由上万只小眼睛集聚成的复眼，就是昆虫主要的视觉器官。小眼虽然小，视野不宽，但数目一多，每只小眼所看到的部分合起来可以拼凑成一个完整的物体影像。

　　但复眼也有缺点，从复眼的构造分析，它应是近视眼，只能看清楚距离近的物体，1米以外的物体就看得模糊。

　　这就是为什么当我们慢慢接近蜻蜓，到了离它数十厘米时，它才忽然惊觉，赶紧飞走。

　　此外，在雨天、阴天或阴暗的地区，复眼的功能也会降低，天气欠佳时很少看见昆虫飞翔，或是昆虫行动变得迟缓，这也是原因之一。

蜻蜓的头部

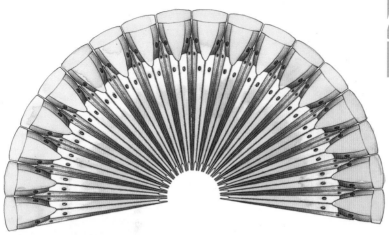

复眼构造图

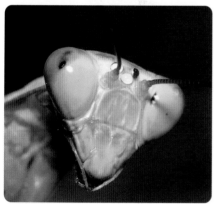

螳螂的复眼

金龟子的复眼

蜜蜂的复眼

天蛾的复眼

昆虫的单眼有什么功能？

观察一只蝗虫或蝉的头部，可以发现头上一对复眼之间有 3 个亮亮的小点，那就是单眼。它的构造和复眼完全不同。复眼是由许多小眼组成的，单眼上只有 1 个小眼面，构造较简单，单眼的名字就是这样来的。

虽然不少昆虫有 3 只单眼，但只有 2 只或 1 只，甚至没有单眼的昆虫也不少。一些只能在地上甚至土中活动的原始型昆虫，由于不必看清楚周围的情形，没有复眼，顶多有几只分散存在的小眼（聚眼），或是只具备单眼来判别昼夜。蟋中有一类叫做盲蟋，它们有完整的复眼可以看东西，但因为没有单眼，而被取上"盲"蟋的名字。

单眼没有看清楚物体的功能，但是能辨别光线的存在。不少昆虫有昼出夜伏等规律的作息，就是依赖单眼来感受光线的存在。

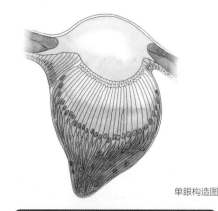

单眼构造图

没有单眼的竹盲蟋

蝗虫单眼特写

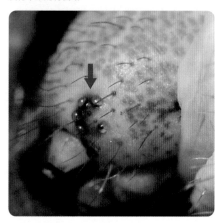

蚕宝宝的聚眼由几只小眼组成。

CHAPTER 2 昆虫的身体

有没有瞎子昆虫?

有的。一些生活在地中、洞穴等光线照不到的昆虫,由于完全不需要看东西,它们的复眼已退化,有些则是在复眼上只有几个小眼,甚至有复眼完全消失变成瞎子的昆虫。例如生活在洞穴中的一些盲步甲往往是瞎子,虽然没有眼睛,它们的生活却不受影响,因为这些步甲身上有不少长毛,它们以这些长毛为触觉器,就像我们在黑暗中伸出两只手触摸那样慢慢地走。但它们的长毛比我们的手灵敏许多,利用昆虫感受不到的红外线观察它们时,可以发现它们能在凹凸不平的岩石上或石缝间敏捷地走动,完全不像是个瞎子。

其实不只是步甲,在洞穴里生活的一些隐翅虫、葬甲,甚至鱼、蝾螈等不少动物,眼睛多已退化,变成瞎子。在洞穴中生活的甲虫,复眼退化的程度依种类而异。复眼愈退化的种类,它的后翅也愈加退化,可见飞翔时复眼还是扮演很重要的角色。

盲步甲

洞穴蝾螈   隐翅虫

CHAPTER 2 昆虫的身体

昆虫的口器有哪几种？

昆虫的食物从花粉、花蜜、树汁、草液，到腐质土、粪便、血液、皮肤、羽毛等，无所不包。昆虫有纯植食性的，有肉食性的，有专吃腐肉的腐食性的，也有杂食性的。随着食性的不同，昆虫的口器也有所变化，大致可以分为咀嚼式与刺吸式两种基本型，前者如蝗虫的口器，有一对大颚用来切碎食物；后者如蚊子的针状口器，可以穿刺动植物的组织。

常见的昆虫口器有以下几种：

1. 咀嚼式：这是最常见也是最基本的口器形式，由上唇、下唇、一对大颚及小颚所组成，就像我们的嘴巴那样咀嚼食物。蚕宝宝、毛毛虫、蝗虫、螳螂、蟑螂、蚂蚁等都属于此型。

2. 刺吸式：针状的口器适于穿刺植物的组织或动物的皮肤，以吸取汁液。蚊子、跳蚤、蝉、蚜虫、介壳虫、蝽等都属于此型。

3. 虹吸式：口吻由一对小颚的外瓣延长嵌合而成，不用时会卷起，以蝶蛾类为代表。

4. 舐吸式：先用唾液溶解食物再舐吮，如家蝇。平时部分口器缩入头内，取食时将身体压缩，使体液充溢于吻部，以利于伸出。

5. 嚼吸式：兼具咀嚼与吸收的功能，如蜜蜂的口器，用上唇及大颚切割与搬运物体，建筑巢室，以下唇及小颚吸收花蜜、花粉。

刺吸式口器——蝽

虹吸式口器——蝴蝶

咀嚼式口器——鱼蛉

舐吸式口器——蝇

嚼吸式口器——蜜蜂

CHAPTER 2 昆虫的身体

昆虫如何利用 6 只脚走路？

昆虫的特征之一是有 3 对足，即 6 只足，因此昆虫纲曾被称为"六足纲"，虽然螳螂、蝼蛄等前足特化的昆虫，多用中、后足走路，但大多数昆虫还是利用 6 只足走路。

地上的物体要不靠外力稳定地静止，至少要有 3 个支持点，但重心若不在这三点内，还是会倒下去。当重心在这三点内，此时的三角形叫做支持三角形。人用两只脚走路时，重心放在着地的脚底，因此随时可以停下来，不会跌倒，但不适于快速步行，要快走时必须利用身体运动的惯性，或向前后摇摆手腕，如此重心不一定在支持三角形内，但仍能维持身体的平衡，并快速移动。昆虫利用 6 只足反复移动 3 个支持点而步行，也就是随时把重心放在支持三角形内，此时基本上依右后→右中→右前→左后→左中→左前→右后的顺序向前踏出。步行时举起左边或右边的前、后足与另一边的中足，让未举起的三只足形成支持三角形，维持身体的平衡，不向任何一个方向倾倒。

虽然两脚步行法不适合快速移动，但螳螂、竹节虫等重心较低的昆虫，由于重心点的回转及惯性力的影响较小，还是能利用此步法迅速爬行。在凹凸不平的平面，如叶片、树干、枝条上采用 4 点甚至 5 点支持的步法，比 3 点支持更能保持身体的平衡。足的功能主要是步行或疾跑，但有些昆虫因为足还有其他功能，而具有外形特殊的足。

步甲的步行足

蜜蜂的后足有花粉篮构造，可在采蜜时收集花粉。

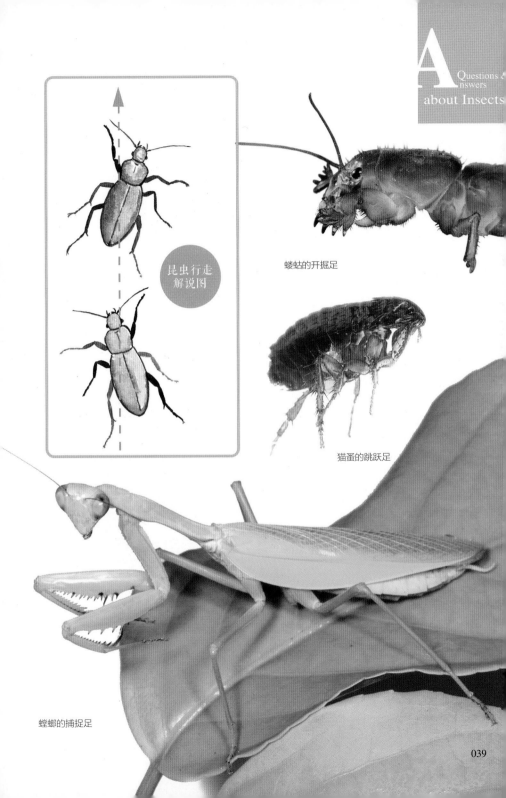

昆虫行走
解说图

蝼蛄的开掘足

猫蚤的跳跃足

螳螂的捕捉足

CHAPTER 2 昆虫的身体

哪种昆虫最会跳？

人蚤有超强的体力。

　　若不考虑身体的大小，昆虫的跳跃冠军是飞蝗，一跳可达 75 厘米远，飞蝗的若虫也可以跳 50 厘米；亚军为蟋蟀，一跳可达 60 厘米。相较之下，我们印象中很会跳且以"跳"为名的跳蚤，反而逊色不少，只跳 30 厘米。

　　但若考虑体长的因素，飞蝗的冠军就不保。飞蝗有 5 至 6 厘米的体长，只能跳出自己体长十几倍的距离；跳蚤中较大型的人蚤体长约 2 毫米，一跳可达自己体长的近 200 倍距离，相当于身高 170 厘米的人跳 340 米。因此说跳蚤是最会跳的昆虫其实也没错。

　　在近 2000 种跳蚤中，以传播鼠疫而恶名昭彰的印度鼠蚤，比人蚤略小，虽然只跳 9 厘米，但一小时可跳 600 次，也有连续跳动 72 次的纪录，称得上是耐跳冠军。跳蚤之所以善跳，主要是脚部有一种富有弹性的蛋白质，叫做节肢弹性蛋白，它的分子排列方式如橡皮，当它拉长后被放开时，可以释放出 97% 的能量用于弹跳；即使拉长 3 倍，过几个月后放开，还会恢复原来的长度。

树皮蟋蟀有强壮的后腿。也是跳跃高手。

飞蝗是昆虫界的跳跃冠军。

昆虫如何长出翅膀？

虽然虱子、跳蚤及一些我们不熟悉的无翅亚纲昆虫没有翅膀，但大多数的昆虫都有翅膀。翅膀是怎么长出来的，老实说至今没有定论，一般认为是从鳃进化而来的，不同于鸟、蝙蝠之类，翅翼是由前脚变形的。昆虫的身体被覆了以蛋白质为主成分的几丁质，为了运动，脚部有多条纵走肌和背腹肌，背上出现附着肌肉的鳃状突起物，依肌肉之作用，突起物呈上下移动。随着突起物和肌肉的发达，渐渐形成现在的翅膀和飞翔肌。

另一种说法是，目前所知最原始的有翅昆虫是蜉蝣、蜻蜓之类（因此把它们叫做古翅类昆虫），它们的稚虫（幼虫）期都在水中生活，为了呼吸，自胸部至腹部的每一体节两侧具有 1 对鳃，靠着鳃的运动取得水中的氧气。当它们完成稚虫时期的发育，羽化变为成虫，换到陆地生活，不再使用的鳃便变成翅膀。尤其是蜉蝣的稚虫，腹部两侧有鳃，胸部有形状类似鳃

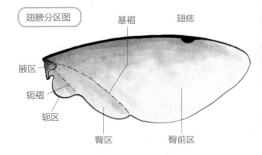

翅膀分区图

基褶　　翅痣

腋区

轭褶

轭区

臀区　　臀前区

的"翅原基"。

鳃与翅膀的基本构造都是叶状。为了取得氧气，鳃中有细细的气管支，翅膀也具有类似气管支的翅脉。不过翅脉的主要功能是提高翅膀的强度，而非作为体液流动的通路，显然翅脉的存在更加支持翅膀的"鳃起源假说"。虽然有些昆虫天生没有翅膀或翅膀后天性退化，但八成以上的昆虫都具备各式各样的翅膀，飞翔能力依种类而异，把活动范围扩大到三维空间，而这就是昆虫成为目前最繁荣动物群的关键之一。

平衡棒

蝇类的后翅特化为平衡棒，所以只能看到 1 对翅膀。

鳃

蜉蝣稚虫的鳃，据推测翅膀是由鳃进化而来。

木蜂的翅膀，蜂的前后翅间具有钩状的结构，可以链接起来。

蝗虫的后翅，有很多平行的翅脉。

蜻蜓的翅膀

蝽部分革质化的前翅。

蝴蝶的翅膀

CHAPTER 2 昆虫的身体

昆虫的翅膀
有什么功能？

昆虫获得翅膀而将生活的空间扩大到空中，大约是在 4 亿 5000 万年前的石炭纪初期。在这之前昆虫都在地表上活动，一些祖先型两栖类也在陆上活动，以昆虫为食。自从昆虫有了由胸部背板特化而成的翅膀以后，它们可以飞到空中，逃离地上捕食者的魔掌。由于有翅昆虫的劲敌——鸟类，要到 2 亿多年后的中生代侏罗纪才出现，所以在这段时期有翅昆虫可以在空中称霸，扩大它们的生活范围。

对生命史短、发育迅速的昆虫来说，快速移动是很重要的，不只能够找到更好的生活场所，也可以节省时间，省下体力。以取食树叶的昆虫为例，当它吃光一根枝

准备起飞的薯甲

条上的叶片后，必须爬行到枝条分叉处，然后再往上爬，才有新叶子可吃，但有了翅膀后，只要振翅一飞，就可以轻松到达新的食物供应处。昆虫能成为当今最繁荣且分布范围最广的动物，翅膀功不可没。

食蚜蝇

大帛斑蝶的求偶飞行，停在花上的是雌蝶。

CHAPTER 2 昆虫的身体

昆虫都有翅膀吗？

有些昆虫没有翅膀，它们可以分成以下三类：1.先天性无翅 2.后天性无翅 3.因为生活环境而无翅。

先天性无翅的昆虫在分类学上属于无翅亚纲，例如跳虫、石蛃等原始型昆虫，它们出现在蜻蜓、蜉蝣等最早的有翅昆虫现身之前，是我们比较陌生的种类。我们较常看到的无翅昆虫是栖身在旧书、旧衣中的衣鱼。

后天性无翅的种类有跳蚤、虱子等，它们大多在鸟类、哺乳类动物上寄生、吸血，翅膀已没有用处，但它们在卵中的胚胎期仍具有该变成翅膀的部位，只是此部位在孵化前消失了。

因为生活环境而变成无翅昆虫的，除了生活在洞穴的一些盲步甲外，可以蚜虫为代表。我们在植物上看到的通常都是无翅的蚜虫，它们把口针插在植物体上专心吸汁，并且在此繁殖、定居，生下来的后代也没有翅膀，但当后代增加太多，生活空间变得拥挤，或是植物太老或太弱，

羽虱大多寄生在鸟类身上，也是后天性无翅的昆虫。

不适宜再吸汁时，会出现一些有翅的蚜虫乘风飞走，寻找新的生活场所。

白蚁、蚂蚁可以说是属于第2类与第3类。我们常看到的蚂蚁，以及在巢中专心产卵的蚁后是后天性失去翅膀，但在创建新巢时，会出现有翅膀的雌蚁和雄蚁，起飞交尾，潜入土中，建立它们的新家园。

另外在竹节虫、蟑螂、螳螂中，也可以发现不少无翅的种类，它们都是属于后天性无翅；如蓑蛾的雄虫虽然有翅膀，但雌虫没有翅膀，雌虫在虫包里等候雄虫前来交尾，此后也在虫包中产卵。

蚁巢中有翅的下一代蚁后

东方水蠊是无翅型的蜚蠊。

蚜虫的有翅及无翅个体

CHAPTER 2 昆虫的身体

昆虫一秒钟可以拍翅几次？

昆虫的拍翅次数依照种类及当时的情形而有不小的变化。一般来说，愈小型的昆虫，它的拍翅次数愈多。例如菜粉蝶 1 秒钟拍翅约 10 次、巨圆臀大蜓 40 次、家蝇 100 至 150 次、蜜蜂 200 次、蚊 500 次以上、蠓超过 1000 次。对照鸟类中体型最小、常以空中滞飞的姿势吸食花蜜的蜂鸟是 1 秒钟 50 次，就知道昆虫的拍翅动作有多么迅速。

但有些昆虫几乎不拍翅就飞翔，如大绢斑蝶。根据调查，大绢斑蝶从日本飞到中国台湾，或从中国台湾飞到日本，其间虽然长达 2000 公里，但它们只在起飞之初拍翅几下，升高后就展开翅膀，利用季风滑翔至目的地。虽然在高空中要再次观察它们几乎不可能，但在室内送风让大绢斑蝶飞翔的试验已证实这一点。此外，在大晴天我们也可以看到一些蝴蝶不拍翅而滑翔的画面。

蜜蜂的嗡嗡声来自于快速振动的翅膀。

东方菜粉蝶

大绢斑蝶

CHAPTER 2 昆虫的身体

昆虫可以飞多快?

以时速来看,苍蝇飞 8 公里、凤蝶 19 公里,胡蜂(虎头蜂)及蜜蜂 20 公里、天蛾 40 公里,巨圆臀大蜓追赶猎物或紧急逃避害敌时还会飙出 100 公里以上的瞬间时速。

乍看这些数值好像没什么,但对照这些昆虫的体长,就知道它们的飞行距离有多惊人了。例如体长约 1 厘米的蜜蜂,1 小时的飞行距离竟然是身体长度的 200 万倍呢!

巨圆臀大蜓大概是昆虫王国里的飞行速度冠军。

体型像喷气式飞机似的天蛾,可以不缓不急地停驻在空中吸蜜。

昆虫可以飞多远？

褐飞虱

　　许多昆虫具备翅膀，其中包括不会飞的。像常在我们屋子里走动的美洲大蠊，拍动翅膀只能飞个几米；比它小一点的德国小蠊更不常飞翔，受到惊吓时都是用6只脚快跑。

　　昆虫中的飞翔能手其实不少，在中国台湾相当常见的大绢斑蝶就是其中之一，它可以飞往日本或从日本飞到中国台湾，飞行距离超过2000公里。分布在美国的黑脉金斑蝶（君主斑蝶），更是以长距离迁移而著名，一到春天便从越冬地的墨西哥出发，飞到阿拉斯加南部，到了冬天再返回越冬地，光是单程就长达5000至6000公里，而且它还有从北美飞越大西洋到达欧洲、北非的纪录。沙漠飞蝗也曾从非洲飞越大西洋，到达加勒比海地区。

　　但更让人惊讶的是水稻害虫褐飞虱与白背飞虱的飞翔能力，它们体长不到2毫米，每年到了春末夏初，都会乘着气流从热带地域横越海洋飞到温带地域，虽然它们不是一口气飞完全程，但一次飞个数百公里是毋庸置疑的。

　　曾经有研究人员在航行于东海的船上设置捕虫网，共采集到包括65种蝶蛾类、26种飞虱等半翅目、25种蝇类在内的127种昆虫，可见具有越洋飞翔能力的昆虫还真是不少。

黑脉金斑蝶（君主斑蝶）

沙漠飞蝗的大规模迁移危害农作物

昆虫有没有脑？

昆虫有脑，但是很小，而且构造简单。人类的大脑约是体重的五十分之一，昆虫的脑重量虽依种类而有很大的差异，但大致只有体重的四百分之一至二百分之一。由于昆虫的脑在食道的上方，在昆虫学上常以"食道上神经节"来称呼它。

对脊椎动物而言，脑是一切感觉、神经系统的中枢，因此有"脑死可代表死亡"的说法，但昆虫的神经系统与脊椎动物大为不同，以脑为起点，从此延伸出两对较粗的神经索，神经索在每一个体节上有个由神经细胞会聚而成的神经节，从此分出许多司管该体节知觉运动的末梢神经。在头部的脑和每个体节神经节之间，有类似中央政府与地方政府般的联系，生活上的大原则由脑决定，但之后发生的事由各体节的神经节自行应变。这一种神经系统叫做"分散脑"或"并列脑"。

捉一只蟑螂把它的头砍掉，让无头的蟑螂伸脚到通电的食盐水中，它会把脚缩回去，经过半个小时的反复电击后，它不再把脚伸到食盐水中。这表示它虽然已经没有脑，但胸部的神经节还能发出躲避电击的指令。不过它因为没有头，不能取食，两三天后就会饿死。

昆虫神经系统图

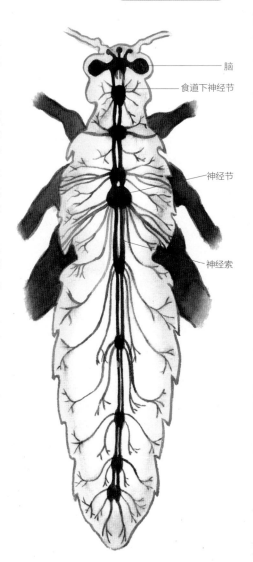

脑

食道下神经节

神经节

神经索

昆虫有没有心脏？

昆虫有相当于人的心脏的器官。我们的心脏呈块状，分成左、右心房和心室四个部分，并具备动、静脉的出入口。昆虫的心脏则是一条管子，位于体腔上方靠近背部，因此又称为"背血管"。

背血管侧面具有数个让血液（体液）进入的开口，从这里及背血管后端开口进入的血液，随着背管旁肌肉的搏动往前流动，从背血管前方开口流进体腔，再由侧面或体腔后端流回背血管。

虽然血液的流速依温度及昆虫的种类而异，同一种昆虫又依生长期而异，但流速大约是每分钟3厘米。换句话说，昆虫的循环系统里没有血管，体腔里随时充满血液，看起来像是严重的内出血，这种血液不在血管而直接流动于体腔的循环系统，叫做"开管式循环系统"。至于如我们人类血液流动在血管里的循环系统，叫做"闭管式循环系统"。

由于背血管是管状体，位于腹部后半端，较粗，并有数对搏动背血管用的肌肉，因此有些人特别把这部分叫做心脏，而把前半部较细、没有搏动背血管旁肌肉的部分叫做动脉。

昆虫的循环系统图

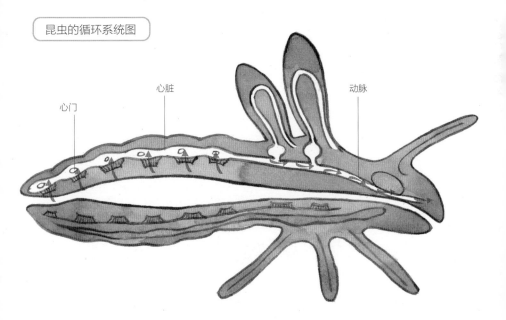

心门　　心脏　　　　　　　　　　动脉

昆虫有没有血液？

昆虫有血液，但血液中没有红细胞，不呈红色。虽然以下的做法有些残忍，但为了观察，只好如此做：捉一只蚕宝宝或毛毛虫，轻轻地剪掉它的足，此时会滴出淡黄、淡绿或无色液体（依种类而不同），那就是昆虫的血液，由于它不是红色，也被称为"体液"，另有"血淋巴"的专有名词。

昆虫的血液从背血管开始流经体腔、足、翅膀等构造，再回到背血管。体腔因为充满血液，所以又称为血体腔。血液在血体腔流动循环，最后再由心门回到心脏。

我们都知道人体的血液有三大功能：1.利用红细胞把氧气送到身体各个部位，并带出二氧化碳；2.借由白细胞的食菌及包围作用对付包括病原菌等的外来异物，来保卫身体；3.利用血液循环作用，把各种营养物及激素等送到身体各个部位。然而昆虫的血液里缺乏红细胞，不能进行交换气体的工作，氧气与二氧化碳的交换直接由气管进行。此外，它的血液中含有7

昆虫的免疫细胞

至8种相当于人类白细胞的细胞，它们不但能抵抗病原菌，也可以围住并杀死产在昆虫体内的寄生蜂的卵。

昆虫的血液里也含有蛋白质、糖类、无机盐等营养成分，以及昆虫特有的激素，它们顺着血液的循环分布到身体各个部位，并将在此出现的代谢物运送到排泄器官——马氏管，使昆虫正常发育。

值得一提的是摇蚊的幼虫，它的血液中含有血红素，因此连身体也呈红色，而有"红虫"或"红蚯蚓"之名，也就是我们养热带鱼时喂饲的那种红色小小的"蚯蚓"。

摇蚊幼虫

CHAPTER 2 昆虫的身体

昆虫如何呼吸？

　　我们从鼻子吸进空气，在肺脏把氧气交给血液中的红细胞，并以呼气排出从红细胞得到的二氧化碳，此时只以两个鼻孔为空气的出入口，就能完成氧气和二氧化碳的交换，可说是高效率的呼吸方法。身体娇小的昆虫虽然没有肺，但有一套很特别的气管呼吸系统。

　　昆虫的祖先最早生活在水中，以类似鳃的器官呼吸，至 4 亿多年前开始登陆，为了适应陆地上的生活，它们发展了气管呼吸系统。用放大镜观察一只昆虫，在它的每一体节侧面可以发现一个黑点，那就是气管的开口——气门，相当于我们的鼻孔。气管从气门向体内延伸，经过数次的分支，最后变成直径 0.2 微米的毛细气管。昆虫利用气管系把氧气直接送到身体各个部位，将二氧化碳排出体外。

　　我们在河流、池塘看到的一些水栖昆虫，多半也都利用气管呼吸，如蚊子的幼虫（孑孓）或田鳖、蝎蝽等，在腹部末端都具有一支管，可以伸出水面吸取空气，之后再把空气送到腹部的气管系。

　　蜻蜓、蜉蝣的稚虫则以气管鳃、直肠鳃呼吸，它们的形状有点像鱼类、螃蟹的鳃，但里面没有血管，而是气管。

　　龙虱有时会让腹端浮出水面，将取得的空气放在翅膀下，潜水时再利用腹部的气门取得翅膀下的空气而呼吸。至今所知的水栖昆虫大约只有 4000 至 5000 种，和整个昆虫界将近 200 万种的多数相比，它们称得上是少数中的少数。

蝎蝽腹部末端有呼吸管。

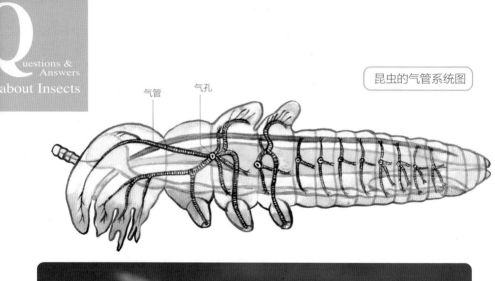

昆虫的气管系统图

气管　　气孔

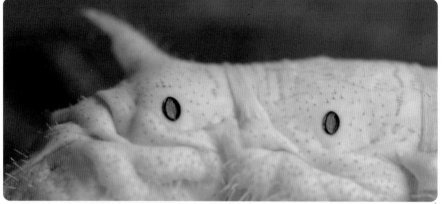

蚕的身体有明显的气孔。

豆娘的幼期称为水虿，腹部末端具有尾鳃。

Questions & Answers about Insects

CHAPTER 3
昆虫的生活

昆虫为什么要蜕皮?

就像我们在儿童及青少年时期身体一直长大,过了青年期后几乎不再长大一样,昆虫也分为身体长大和不再长大这两个阶段,前者为幼虫(若虫)期,后者就是成虫期。不论幼虫(若虫)期或成虫期,昆虫身体都被覆着外骨骼,受到它的保护。由于外骨骼最外面的一层,即外表皮,不具有生命现象,不能靠细胞分裂长大,因此昆虫长大到一定程度,就要换大一号的外表皮,这就是蜕皮,一如小孩子随着身体的长大,换上大一号的衣服。昆虫到了成虫期,身体不再长大,因此不再蜕皮。

昆虫在蜕皮前,已在旧的外表皮下准备好新的外表皮,这一点和我们换穿新衣服不同,我们是先脱掉旧衣服,才再穿上新衣服。昆虫刚完成蜕皮时,新皮还十

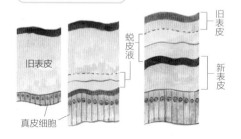

蜕皮时的表皮变化

旧表皮

真皮细胞

旧表皮

蜕皮液

新表皮

分软弱,要在接触空气一段时间后才会变硬。另外蜕皮时,一定要把旧外表皮蜕得很完整,如果旧皮留在新皮上,会严重影响后来的发育,所以幼虫(若虫)蜕皮时一定要躲到荫蔽、不受干扰之处静静地蜕皮。

刚完成蜕皮的螽斯

什么叫做变态？

大帛斑蝶的蛹

常见的昆虫发育方式主要有两种，一种是从卵经过幼虫再经过蛹变为成虫的"完全变态"，如甲虫、蝴蝶、蛾、蜂、苍蝇等；另一种是从卵经过若虫变为成虫的"不完全变态"，如蝗虫、蟋蟀、螳螂、蝉、蜻等，也就是没蛹期。所谓"若虫"指的是幼虫阶段的长相与成虫很像，只是翅膀尚不明显。若虫变为成虫（羽化），或幼虫变为蛹（化蛹）、蛹再变为成虫（也叫做羽化）的现象就是变态。

完全变态类的幼虫在蛹期阶段看似不会动，其实体内正进行着剧烈的组织和器官改造过程，幼虫和成虫不仅形态不同，生活方式、生活环境和所利用的生活资源也不同，因此它们的活动范围较不完全变态类扩大许多，得以奠定下繁荣的基础。我们已知的近 200 万种昆虫中，属于完全变态类的约有 150 万种，远多于不完全变态类。

以菜粉蝶为例，幼虫在卷心菜叶片上取食，变为成虫的蝴蝶后则以花蜜维生，除非要产卵，它不会再到菜叶上。属于不完全变态类的蝗虫，则是无论若虫或成虫，都在草原上活动，以叶片为食，共享有限的生活资源。

大帛斑蝶的卵

大帛斑蝶的幼虫

大帛斑蝶的成虫

CHAPTER 3 昆虫的生活

昆虫可以活多久？

昆虫的寿命因种类而异，即使是同一种昆虫，也会因为食物供给、发育情况、生活环境等因素而有很大的差别。大致来说大型昆虫的寿命较长，小型昆虫的寿命较短。

例如娇小的家蝇在夏天生活条件较好的时候，卵不到1天就孵化，幼虫大约7天后化蛹，经过3至4天羽化，成虫期约10天，整个生活史大约20天。但冬天温度降低，它的发育变慢，成虫期长达6至7个月。台湾最大型的甲虫长臂金龟体长5至6厘米，卵期约2个星期，幼虫期及蛹期合起来约2至3年，虽然没有成虫的寿命纪录，但从其他类似的甲虫推测，成虫最长应有1年以上的寿命。

蝉可说是有名的长寿昆虫，虽然成虫的寿命只有10天左右，但若虫期相当长。

家蝇

体长不到2厘米的草蝉，若虫期不到1年，体长4至5厘米的大型蝉如蚱蝉、螗蝉，若虫期则达3至4年之久。分布在北美的周期蝉，只有约1个星期的成虫期，但若虫期竟长达13年或17年。

但最长寿的要算是蜜蜂、蚂蚁、白蚁等经营社会性生活的蜂后、蚁后，它们通常有10年以上的寿命，至今已知有超过50年寿命的蚁后。至于短命的昆虫以蜉蝣最为有名，成虫只活1天。

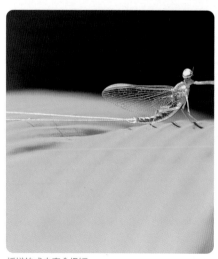

蜉蝣的成虫寿命极短。

蜜蜂的蜂后（中央最大的）

黑蚱蝉

昆虫为什么要休眠？

在冬天的寒冷期或夏天的酷热期，有些动物会停止发育，进入熟睡状态，这就叫做休眠，在冬天休眠叫做冬眠，在夏天休眠叫做夏眠，其中又以冬眠较为常见。

进入冬眠的昆虫看起来像是已死亡，但身体还是很柔软，轻轻摸一下，幼虫还是会弯曲身体，蛹的腹端微微振动，这表示它们只是装死而已。值得注意的是，昆虫只能在特定的发育期进入休眠，例如蚕宝宝以卵冬眠，独角仙以老熟幼虫冬眠，菜粉蝶以蛹冬眠等。昆虫在未能冬眠的发育期遇到冬天，无法承受冬天的低温，必定死亡。

昆虫在进入冬眠以前，身体里面会发生一些变化，来提高它们的抗寒能力，所以一些昆虫在冰天雪地的冬季里体内组织不会冻坏，到了次年春天可重新发育。将已准备好冬眠的菜粉蝶蛹拿进试验室，一直放在温暖的地方，它们会认为冬天还没来到，而继续维持准备冬眠的状态，最终走向死亡，即使勉强羽化，也多半是畸形。也就是说，处于冬眠状态的昆虫一定要经过一段低温期，才能顺利发育。

休眠除了是为了度过不适合发育的时期外，也有调整发育出发点的作用。从春天开始发育的昆虫，虽是同一种，仍会因为生活条件的不同，而有不同的发育速度，有的长得快，有的长得慢，所以到了夏末或秋天，我们常能看到大大小小的幼虫，但它们一旦化蛹进入冬眠，就全都停止生长，等到春天再同时羽化，这样才容易找到交尾的对象，进而产卵、繁殖。这就像我们健行的队伍拖得很长时，走在前面的人停在某一定点等后面的人，等到大家都到齐再集体出发，仿佛在整队一样。

东方菜粉蝶的蛹

家蚕的卵

独角仙的老熟幼虫

昆虫会睡觉吗？

　　昆虫并不是一天 24 小时都在活动。许多蝴蝶在日出后开始活动，到了晚上就休息不动，让人讨厌的蟑螂则是昼伏夜出。

　　白天我们静静地打开一些抽屉时，偶尔会发现蟑螂隐蔽在里头，此时若不给它们太强的光线，可以看到它们静止不动，以长长的触角互相接触，好似我们手牵手一般，它们正陷入类似睡眠的状态，只是它们的复眼没有眼睑，睡觉时不能闭眼睛，所以我们很难判断它们是否在睡觉。

　　在动物界，人类是少数可以熟睡的动物之一，因为在野外每一种动物都有它的天敌，危机四伏，它们只能浅睡。我们养的狗也一样，狗被人驯养已有上万年的历史，但当我们朝睡觉中的狗接近时，它仍会有所警觉，略微睁开眼睛，窥探周围的情形，看见是熟人便再放心地闭起眼睛。由于自然界虫食性动物不少，很可能昆虫也是这样，睡是睡了，但不会睡得很熟，维持一定程度的戒心。

蝴蝶（美凤蝶）是昼行性动物。

白天活动的蛾类(橙带蓝尺蛾)，
通常有鲜艳的体色。

蛾类（夜蛾）以夜行性的种类居多。

蜚蠊（卡氏大光蠊）是夜行性昆虫。

CHAPTER 3 昆虫的生活

昆虫会不会流汗？

昆虫不会流汗，它们以其他方法来调节体温。

天气炎热时或剧烈运动过后，我们的体温会升高同时也会流汗，当汗水从皮肤蒸发，依照此时的散热作用，体温会降低。如果出汗的散热作用失灵，我们就容易中暑。调查显示，体重60公斤的人出汗1升时，体温降低1.2摄氏度，从这里可以看出，流汗在体温的调节上扮演重要的角色。

昆虫是变温动物，体温容易随着气温变动，再加上身体有一层不透水、不透气、由几丁质构成的外骨骼，让它无法排汗，在遇到大热天，或是因为飞翔、疾跑而体温升高时，最简单的应变之道就是躲到晒不到太阳的阴凉处，让身体变凉。例如蓝凤蝶之类翅膀黑色的蝴蝶，在大太阳下飞翔一段时间后，会飞进树林里，在此缓慢地飞翔，甚至停息，等到体温下降后再出现在阳光下飞翔。

另一个方法是就地改变身体的方向，把头或腹端面对太阳，让晒日面比从侧面晒时小很多，如此也可抑止体温升高。大多数的昆虫因为身体小而长，身体的表面积比较大，较容易散热，有些种类甚至靠着疾跑、飞翔时产生的空气对流来散热。例如夏天出现，在沙砾及裸地走动、低空飞翔的虎甲，便是靠这种方法消除暑热。

在台湾有分布记录的绿带翠凤蝶，另有一套对付高温的绝技，夏天它常在河畔湿地边拍翅，伸出口吻吸水，这时水不断从腹端滴出来。平常蝶类喝了水至少要经过2到3个小时，才会经由消化管排泄出来，但绿带翠凤蝶不同，水喝完不到5分钟就滴出来了。至今我们还不知道它如何调节排水的时间，但能掌握的是，它利用冷水来降低体温。

绿带翠凤蝶

躲在林荫中休息的蓝凤蝶

虎甲喜欢在沙砾地上活动。

昆虫会不会尿尿?

大多数时候,昆虫的尿液和粪便一起排出,质地较干,不太被注意到。

人类的尿液是肾脏过滤血液从身体各部位带来的代谢物所产生的液体,经由输尿管等排泄到体外,如果肾脏功能不佳,一些有毒物质的代谢物便留在体内,引起尿毒症等严重的后果。昆虫也一样,只是昆虫没有肾脏,也没有血管,血液直接在体腔里流动,由一种名为"马氏管"的器官负责过滤血液的杂质,以及进行排泄。

马氏管的数目依昆虫种类而异,少者如一些介壳虫只有两条,多者如蜜蜂有将近 200 条。马氏管末端游动在体腔内过滤,并取得体腔内的代谢物质,将它们送到消化管的后肠开头处,和粪便混在一起排泄出去。由于水分对生物生命现象的维持很重要,因此在后肠至肛门之间回收水分,使昆虫排出来的粪便多半是干干的。

不过像介壳虫、蚜虫之类把口吻插进植物筛管部吸食汁液的昆虫,尿量自然较多。由于筛管中的糖量较高,蛋白质偏低,蚜虫类为了取得充分的蛋白质,必须吸食大量的汁液,之后再把多余的水分和糖分以尿液的形式排泄出去,因此它们的尿水略带甜味,有"蜜露"之称。可以这么说,它们有点儿像糖尿病患者。

蚜虫、介壳虫不只具有群聚性,开始吸汁后就几乎不再移动。当许多只蚜虫、介壳虫排出大量蜜露时,常会引起一些霉菌的大发生,使蚜虫、介壳虫所在之处及周围的叶片、枝条仿佛盖上一层又黑又脏的膜,这就是农民们很讨厌的"煤病"。

昆虫中也有憋尿高手,它是蚁狮,以在沙地里建筑倒圆锥形陷阱捕食蚂蚁而闻名。它的生活史相当长,经过 1 年多的幼虫期及蛹期变为成虫后,才排出生平第一次的排泄物。

昆虫的排泄系统图

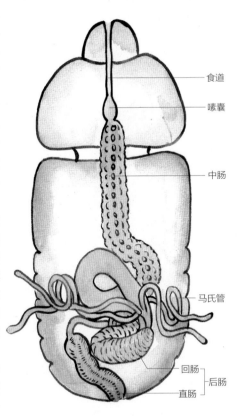

食道

嗉囊

中肠

马氏管

回肠 } 后肠
直肠

桑木虱分泌蜜露与正在收集蜜露的白足狡臭蚁

蚁狮

煤病

竹茎扁蚜吸引蚂蚁与它们共同生活

CHAPTER 3 昆虫的生活

昆虫为什么喜欢靠近发亮的路灯？

昆虫不只喜欢靠近发亮的路灯，晚上在屋里开灯时也会飞进不少昆虫，有时我们甚至可以在屋里捉到独角仙和锹甲，这是因为它们具有趋旋光性。成语"飞蛾扑火"就呈现了这种画面。但略为仔细观察会发现，飞来的蛾不会直接扑向灯光，它们会在灯光周围像画圆圈似地飞翔，更进一步观察可以看出它们像是在画螺旋，以这种飞法慢慢接近灯光。

灯、蜡烛等照明工具是人类的发明，人类开始利用火顶多是数万年前的事，远不及昆虫在地球4亿多年的历史。在这之前，夜间的光源是傍晚的残光或黎明时的晨光及月亮，由于这些光源离地球很远，到了地球时已成平行光线，夜行性昆虫能以左右复眼感觉到相同的光量。现在的人造光源是一个点，而且离昆虫很近，略微改变方向，进入左右复眼的光量就不一样，昆虫为了修正左右复眼感受到的光量，改采用螺旋式飞法。

值得注意的是，并不是所有的夜行性昆虫都具有趋旋光性。在夜间活动但不被光线引诱的昆虫种类，应是我们在灯火下看到的好几倍。

夜间的灯光可以吸引不少昆虫前来，包括猎食性的螳螂。

拿个灯泡与白布到户外，就可进行夜间昆虫观察。

昆虫如何与花共生？

土蜂替山芙蓉传粉。

蝴蝶与蜂都是授粉昆虫。

昆虫与植物的关系大致可以分成以下两种：1.敌对关系：植食性昆虫取食植物维生，食虫植物捕食昆虫。2.友好关系：植物为昆虫提供栖所和花蜜、花粉，昆虫替植物传播花粉。昆虫与花之间有互利共生的一面，但双方为了得到更大的利益，也在暗中较劲。由于一朵花分泌的花蜜很有限，一只蜜蜂要飞到数百朵花上才能吸饱花蜜，如果花蜜分泌太多，蜜蜂在一朵花上吸饱便飞回巢，植物就无法从蜜蜂身上得到传播花粉的好处，只是被白吃一顿而已。所以植物故意分泌少量的花蜜，让蜜蜂吃不饱，还要飞到另一朵花上吸蜜。

不过从植物的立场来看，花蜜的分泌量也不能太少，否则引诱不到蜜蜂，植物就无法结实留下后代，损失将更大。再者，植物为了让昆虫继续在同一种植物的另一朵花上吸蜜，各自呈现出特有的花形、花色和花香，让昆虫学习辨识。至于已经演变为非得靠花蜜才能生活的授粉性昆虫，它们有着不得不向植物低头的苦衷。

虽然如此，有些熊蜂不从花冠上面进去采花蜜（因为蜂体会碰到雌蕊和雄蕊，飞到另一朵花时，蜂体上的花粉必定会碰到雌蕊而授粉），而是咬破花朵基部，直接从此处吸食花蜜。这些熊蜂对植物来说是白吃花蜜的害敌。当然也有欺骗昆虫的植物，例如世界上最大的花——大王花，只以气味引诱授粉性蝇类，趁它飞来寻找气味来源时在蝇体上附着花粉，让它飞到另一朵大王花上授粉。

大王花

食虫植物如何捕捉昆虫？

在我们的观念里，昆虫取食植物维生，但有些长在贫瘠土壤中的植物，为了从虫体取得充分的养分，发展出捕虫的机制，这就是食虫植物。

至今已知的食虫植物多达数百种，我们较为熟知的有毛毡苔、瓶子草、捕蝇草、狸藻、猪笼草等。

其中毛毡苔长满分泌黏液与消化液的腺毛，由于黏液呈红色且有光泽，昆虫常误认为是花朵或花蜜而被黏住；捕蝇草从叶片分泌蜜水，叶片一接到昆虫停在此处的信号后，会将左右侧缘闭起来并分泌消化液；猪笼草在叶尖长出有盖子的捕虫囊，以盖子边缘的蜜腺引诱昆虫，由于壶内侧滑溜溜的，被诱来的昆虫稍不留意便滑进含有消化酶的液体中。这种液体的酸碱度比我们的胃酸还要强，因此昆虫一旦滑进就很难逃出。

虽然猪笼草的捕虫囊对多数昆虫而言是个死亡陷阱，但部分摇蚊幼虫（孑孓）因为外表皮含有一种抗消化酶，不但能在这种险恶的环境里度过幼虫期，还能从猪笼草的液体中取得自己所需的养分。

除了摇蚊幼虫，已知一种新园蛛与一种蟹蛛也寄居于捕虫壶，其中蟹蛛不织网。蜘蛛通常躲在捕虫囊内侧捕食进入壶中的昆虫，新园蛛则是在晚上于壶口织网，捕捉捕虫囊中已羽化、想要飞到外面的摇蚊成虫。

毛毡苔

瓶子草

猪笼草

CHAPTER 3 昆虫的生活

昆虫怎样保护自己？

在大欺小或说"弱肉强食"的自然界，以昆虫为食物的虫食性动物很多，昆虫为了保命，必然采取一些自卫战术。大致来说，昆虫利用体型小的优势和体色的变化来保护自己。

昆虫因为身体小，可以躲进猎食者不能进去或不易发现的小空间里逃过一劫。而为了让自己不会那么醒目，许多昆虫有和周遭环境近似的体色，也就是所谓的"保护色"，例如在草原、树叶上活动的蝗虫和螽斯身体呈草绿色。

有些昆虫则因为身上具有毒性物质，故意用鲜明的体色，来警告害敌不要轻举妄动，这就是所谓的"警戒色"，例如瓢虫身上有红色或黄色等鲜艳的斑纹，当它受到刺激时，脚关节会分泌一种带有苦味的液体，让鸟不敢将它咽下去。更有名的例子是黑底配上黄条纹的胡蜂。其实不只是胡蜂，马蜂、蜜蜂等也都是具有毒针的危险者，它们都带有黑底黄条纹的体色，扩大警戒色的效果。

常在豆科植物上出现的豆芫菁有深红色的头，配上黑色的翅膀，非常显眼，因而有"红头师公"的别名。豆芫菁和瓢虫一样，被啄食时也会从脚关节分泌剧毒的芫菁素。眼斑芫菁更厉害，它不但分泌有毒的汁液，翅膀还是黑底黄带，以此警告它的捕食者。甚至部分昆虫模仿具有警戒效果的拟态用体色，例如有些食蚜蝇模仿胡蜂，也带着黑底黄条纹，一些虎天牛也假冒胡蜂来欺骗害敌。

不管是在野外实地观察或翻阅一些昆虫图鉴，我们都会发现昆虫的体色，从晦暗、很不起眼的，到无比鲜艳的都有，可谓变化多端。虽然体色在寻偶时也具有吸引异性或让对方容易辨认自己存在等的作用，但还是以自卫为起点而呈现出来，因为只有保住性命才有寻偶、交尾的机会。

另外像瓢虫、锹甲、象甲等，见自己对付不了敌害，会在地上装死。

剑角蝗

胡蜂

豆芫菁头部鲜艳的红色警告天敌它有剧毒。

食蚜蝇的体色和蜜蜂很像。

象甲的装死是避敌的好办法。

CHAPTER 3 昆虫的生活

沙漠里的昆虫如何抵抗炎热？

在炎热沙漠里，昆虫得面对两个大问题，一是克服高温，二是如何阻止体内水分蒸发，或如何取得水分以弥补蒸发的水分。

沙漠蚁为了减少水分的蒸散，闭着气门行动。这种运动方式使体内二氧化碳的浓度升高，当浓度影响到体内代谢作用时，它才展开气门，一下子喷出大量的二氧化碳，也就是利用间歇性呼吸来保存体内宝贵的水分。

分布在美国加州沙漠的白尾蝗则以苍白的保护色在沙漠里隐蔽自己，它有能够忍受 50 摄氏度高温的超强抗热性。美国亚利桑那州沙漠的沙漠蝉，以它特长的口吻插进树干的导管部取得充分的水分，因此在高温下还能鸣叫寻偶。

生活在南非大西洋沿岸纳米比沙漠的倒立拟步甲，会在夜晚选择通气良好的地方，背对着风头，用它长长的中脚与后脚倒立，以背部接纳雾粒，等它们变成水滴流到嘴里。此外，它也常安静地守在白蚁窝旁，因为白蚁为了修理或扩大巢窝，会从深土层中挖出含水的土坑或木片，倒立拟步甲就趁机从中偷吸一些水分。

生活在纳米比沙漠的另一种拟步甲——长脚拟步甲，它的外骨骼甚发达，水分不易蒸发，在白天最热的时段，它会以秒速 1 米的速度，在沙地上奔跑，借此散热。

此外，多种生活在沙漠裸地里的虎甲虫在气温不到 20 摄氏度时，会趴在地面，以日光浴提高体温；当地面温度升高到近 40 摄氏度时，它便以长脚站立，甚至以离地不到 1 米的高度低空飞翔数秒，借此散热，因为离地面数厘米的高度与地面的温度差异相当大，加上它那具金属光泽的光滑体表，能提高飞动时的散热效果。同样地，一些沙漠蚁具有长脚，也是为了逃避地面的辐射热。

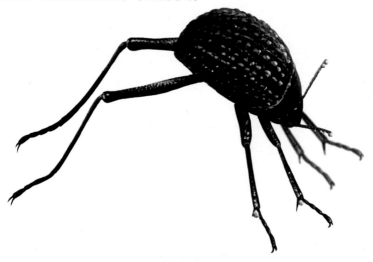

倒立拟步甲

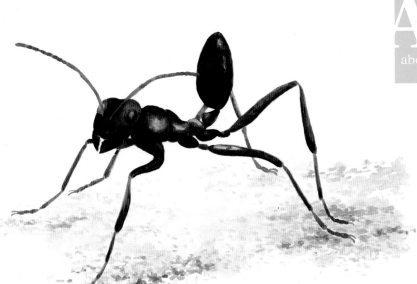

沙漠蚁

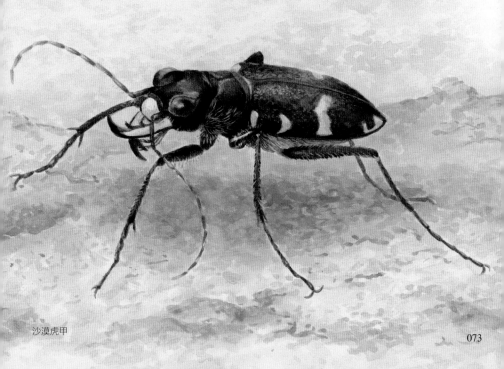

沙漠虎甲

昆虫的天敌有哪些？

昆虫的天敌不少，因为它们是身体娇小且最常见也最容易找到的猎物。一些中小型的肉食性动物和蜈蚣、蜘蛛都以昆虫为食物。青蛙、蜥蜴、壁虎及哺乳类动物中的蝙蝠，也是有名的虫食者，另外包括臭鼩、鼩鼱等在内的食虫目，也是昆虫的天敌，它们被认为是最早出现在地球的哺乳类。一些淡水鱼则是水栖昆虫的天敌，因此在昆虫学里有研究如何开发良好的钓饵及养殖用昆虫的渔业昆虫学。

不过，昆虫最大的劲敌是鸟类，例如一只大山雀一年取食约 125000 只尺蠖。在养雏期间，一只雏鸟一天要取食约50 只虫，才能顺利发育。当然昆虫里也有一些肉食者，如螳螂、瓢虫、猎蝽等。面对这些捕食者，昆虫以保护色或警戒色等多种战术来保护自己。

此外，昆虫的天敌还包括一些以昆虫的卵、幼虫或蛹为寄主的寄生蜂，有些寄生蜂只以数种昆虫为寄主，有些则以几十种昆虫为寄主。目前寄生蜂所属的膜翅目昆虫有二十多万种，不到鞘翅目（甲虫类）的一半，不过由于寄生蜂都比它的寄主小，不易观察，种类数成谜，部分专家估测膜翅目的种类数有可能超过鞘翅目，成为昆虫纲里最大的一目。

产卵在螳螂卵鞘上的寄生蜂

鸟是捕虫高手。

捕食毛毛虫的泥蜂

壁虎以蚊、蝇为食。

斑络新妇

CHAPTER 3 昆虫的生活

什么叫做保护色？

在绿色叶片上的蝗虫、螽斯，停在树皮上的暗褐色的蛾，为了隐藏自己的存在，配合生活环境而改变自己的体色，这就是保护色。利用这种隐身术的昆虫为数不少，如在土表上活动的蝗虫、蟋蟀以土褐色居多，在草原叶片上生活的绿蝽、草蝉是绿色的。又如大螳螂的体色随季节和环境的变化而改变，自绿色、绿色中带有褐色条纹，到全身几呈褐色等。

更绝的是凤蝶的幼虫，孵化幼虫刚开始呈黑褐色，体表看来湿滑，像是一小块鸟粪，这让小鸟没兴趣啄食它，但幼虫到了化蛹前的最后一龄，蜕皮变成和它生活的树叶相仿的绿色，因为此时幼虫身体已长大，不可能再模仿鸟粪了。

躲在叶柄基部的稻绿蝽

生活在芒草丛中的草蝉

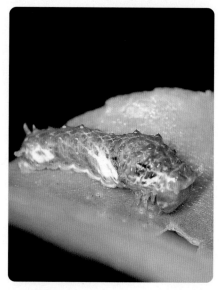

凤蝶的幼虫

CHAPTER 3 昆虫的生活

昆虫界有哪些伪装高手?

叶䗛雌虫

伪装是体型、体色模仿周围的环境，让自己不易被敌人发现。从竹节虫及叶䗛的名字及外形就知道它们的伪装功夫是一流的。

竹节虫有一节一节像细竹枝的身体，酷似树枝或竹枝，体色为绿色或褐色，具有良好的保护作用，因此不论在树枝间静止或缓慢移动，都不易被察觉。此外，竹节虫的卵也伪装得像植物的种子。全世界大约有 3000 种竹节虫，其中不乏长有利刺或具有鳍状突起，或色彩较鲜艳的种类。热带地区还有不少种体长超过20 厘米的大型者，例如产于马来半岛与印度的尖刺竹节虫，将前、后脚拉长计入，体长约为 55 厘米，是世界上体长（包括前足、后足）最长的昆虫。

叶䗛的伪装比竹节虫更高明，可惜并未分布于台湾。叶䗛在分类上属于竹节虫目，也是夜行性昆虫，白天躲在叶片间不动，不易被发现。但真正酷似树叶的是雌虫，雄虫虽然也是绿色，但体型较小，而且大都很细瘦。

叶䗛体型扁平，身体背面为较浓的绿色，腹面是淡绿色，正好和树叶背面及腹面的颜色很接近，不但如此，覆盖腹部的前翅翅脉也很像叶脉。不少种叶䗛的足（尤其前足各节）扁平地向左右伸展，让足部也伪装成树叶的一部分。分布在南太平洋斐济岛的虫痕叶䗛更是厉害，腹部侧缘竟有像被虫咬到的凹陷痕迹。

此外，尺蠖（尺蛾的幼虫）也是伪装高手，它伪装成树枝骗过不少害敌。

丽夜蛾

尺蠖

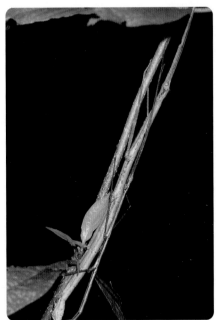

竹节虫

叶䗛雄虫

为什么有些昆虫有毒？

许多植物在体内蓄积对动物有毒的物质来保护自己，例如烟草中的尼古丁、罂粟中的吗啡、除虫菊中的除虫菊酯等，它们都是毒性甚强的物质，此外不少植物或多或少含有改变动物生理活性的物质。但昆虫也不是省油的灯，经过演化，逐渐发展出打破植物防线的功能，部分种类更是将计就计，把植物的有毒物质蓄积在自己体内，来保护自己。

例如烟草在化学合成杀虫剂出现之前，常被做为杀虫剂，大多数昆虫无法以烟草为食物，但仍有少数昆虫能取食烟草，桃蚜就是其中之一。原来桃蚜是将口吻插入没有尼古丁的筛管部，吸收有营养的汁液。烟草天蛾则因为具有特殊的消化功能，而能猛吃烟草叶片。有些斑蝶幼虫以马利筋等植物的毒叶维生，它们把幼虫期摄取的有毒成分留在体内，用来吓阻捕食性天敌，这种功能甚至还能延续到蛹期与成虫期；因此多种斑蝶科的幼虫、蛹、成虫都具备鲜艳的体色（警戒色）。

值得一提的是，斑蝶还将有毒物质用在交尾上。当雄蝶引诱雌蝶交尾时，雄蝶的腹端会像开了一朵花般地伸出一丛毛，释放出由有毒物质合成的信息素，使雌蝶兴奋。更绝的是，雄蝶与雌蝶交尾时，雄蝶交给雌蝶的精包也含有这些有毒物质，这让雌蝶所产的卵得以受到保护。危害多种十字花科蔬菜的菜粉蝶，也利用该科植物特有的呛鼻物质来刺激雌虫产卵。

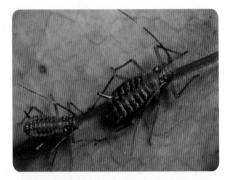

桃蚜

金斑蝶幼虫

马利筋

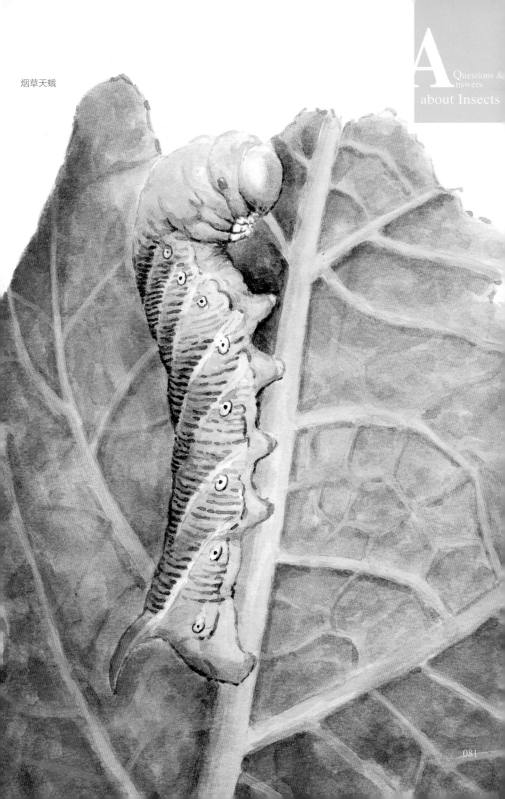

烟草天蛾

CHAPTER 3 昆虫的生活

什么叫做拟态？

某些昆虫为了躲避敌害，外表模仿另一种具备有效防御利器的昆虫，这种情形叫"拟态"。通常它们拟态的对象是它们的天敌不敢吃、不愿吃或不喜欢吃的昆虫。

但拟态一词在使用上常有些混乱，像竹节虫或尺蠖常常让自己看起来像一根枝条，隐蔽自己的存在，有人说这是"拟态树枝的行为"，其实这是利用自己生活的环境背景隐藏自己的"伪装"，类似打仗时战士们把树叶等插在身上，在森林中隐蔽自己的行为。

拟态时必定有一个被模仿（被冒用）的"被模仿者"，以及模仿（冒用）一方，即"模仿者"。所以采用拟态时不会隐蔽自己；既然冒用别种虫的身份，就要大大方方地到处走一走，让人家畏惧。例如黑底黄条纹的胡蜂有猛烈的攻击性和毒针，让多种昆虫对它产生畏惧，因此虎天牛、葡萄透翅蛾、鹿蛾及一些食蚜蝇拟态胡蜂，以黄配黑的鲜明色彩为体色来让敌害以为它是不好惹的胡蜂。

胡蜂

食蚜蝇

鹿蛾

昆虫会不会生病？

让昆虫生病的微生物不少，包括病毒、细菌、真菌等。过去以养蚕为主要产业时，造成蚕宝宝生病的微生物让蚕农很头痛，所谓的"昆虫病理学"最初就是从对付蚕病发展出来的。

蚕宝宝是有用的昆虫之一，可以带来可观的经济利益，造成它生病的病原菌是不受欢迎的。其实让农林害虫得病的病原菌对我们而言是很有利用价值的生物资源，目前专家已开发出不少利用病原菌的杀虫剂（微生物制剂）。由于它们对人畜的毒性比化学合成杀虫剂低，对环境的冲击也少，前途相当看好，但微生物制剂的效果容易受到天候的影响，如何开发出全天候性的制剂是专家们努力的目标。

著名中药药材——冬虫夏草其实就是病死的昆虫尸体，即昆虫受到一种真菌（虫生菌）的寄生，病死后长出的子囊柄（子实体）。根据医书的记载，冬虫夏草可用于治疗"肺痨、贫血、血痰、四肢无力、神经衰弱……"。由此可知，使昆虫生病的微生物对我们有害或有益，很难一概而论。

被真菌寄生的蟋蟀

生病的蚕宝宝

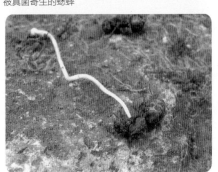

被寄生的蚂蚁从身上长出真菌的子实体。

冬虫夏草

如何分辨昆虫的雌雄?

　　昆虫的种类很多（近200万种），区别雌雄的方法不能一概而论。例如独角仙的雄虫头上有犄角、体型较大；锹形虫的雄虫大颚特别发达、体型大；跳蚤类的雌蚤通常都比雄蚤大数倍，一些蝗虫也是雌蝗大于雄蝗。我们常见到大蝗虫背着小蝗虫的画面，这是它们在交尾前的一种姿势，大蝗虫是雌虫，它上面的小蝗虫是雄虫。螳螂也是雌大雄小；蜘蛛虽然不是昆虫，也是雌大雄小，斑络新妇的雄蛛甚至不到雌蛛的三分之一。雌虫体型大，可以产下更多的卵，有利于后代的繁衍。

　　不过大多数的昆虫雌雄的外形和体型几乎相同，得从局部的差异来区别雌雄。例如多种蝇类的雄蝇复眼比雌蝇的大，而且左右复眼相连接，不像雌蝇是互相分开；蟋蟀、螽斯的雌虫腹端则有个长长的产卵管。但也有不少昆虫如金龟子、瓢虫、蜡、蜂等，由于产卵管很小或平常藏在腹端，要用放大镜仔细观察它们的腹端，才能正确分辨它们的性别。

螽斯雌虫

大蝗虫（雌）背着小蝗虫（雄）。

斑络新妇雄蛛

斑络新妇雌蛛

褐黄前锹甲，左边是雌虫，右边是雄虫

CHAPTER 3 昆虫的生活

昆虫如何寻偶？

在广阔的田野里，大多数昆虫是以视觉、嗅觉、触觉合并使用的方式来找到另一半。

以幼虫取食柑橘叶子长大的柑橘凤蝶为例，在进入交尾期后，柑橘凤蝶的雄虫会先寻找有绿色植物的场所，看到植物是绿色的，就靠近一些，如果看见针叶树或香蕉树、椰子树等叶片形状和柑橘差很多的植物就飞走。当叶形类似柑橘时，它会更接近些，嗅一嗅有没有柑橘叶特有的气味。由于柑橘凤蝶的翅膀是黑底配上黄色的条纹和斑纹，因此雄虫还是会用眼睛寻找长 7 厘米、宽 5 厘米、黄黑相间的物体，找到后先飞近确认一下，再利用触角和脚端的触觉、嗅觉器确认对方的身份，看见是同种的雌虫才进行交尾。

善于鸣叫的蟋蟀和蝉虽然以鸣声来引诱雌蝉，但雄蝉还是会慎重地在靠近后用脚触摸雌虫检查一番，才进行交尾。因为找错对象，对雌、雄虫而言都是时间和体力的浪费，利用两种以上的方法才能找到正确的伴侣，留下后代。

柑橘凤蝶

黄斑钟蟋的夜间相亲

在树上唱歌求偶的黑蚱蝉

CHAPTER 3 昆虫的生活

为什么有些昆虫
一次产下很多粒卵？

昆虫的产卵方法大致分成两类，一类是像多种蛾类的雌虫一次产下由上百粒卵形成的卵块，或是如蟛象雌虫产下小型的卵块；螳螂、蝗虫的雌虫在一个卵鞘内产下数十粒卵，也属于这一类。另一类是如蝴蝶雌虫那样一粒一粒地分散产卵，竹节虫雌虫在树上把卵散布在地上，也算是这一类。哪一种方法好？各有利弊，不能一概而论。

对形成卵块的昆虫而言，雌虫找到合适的场所，在此产卵即可，如此可以省下不少时间，有些蛾类雌虫甚至一生只产1个大卵块。孵化的幼虫群聚在一起，不管是避雨、防风或取暖，都比较方便，有时互相合作还可以取食较大或较硬的食物，但缺点是目标显著，被天敌发现的机会较大，万一发生传染病，更会全军覆没。此外，大家一起取食，很快就会吃光当地的食物，必须搬迁到别处找食物。

对分散产卵的昆虫而言，雌虫得为每一粒卵该产在哪里而费心，为了寻找合适的场所，消耗掉不少体力及时间，也把本来可用于体内卵细胞发育的营养，用在寻找产卵场所上，因此产卵数自然比产卵块的昆虫少。产卵时，雌虫通常静止在某一个定点，产完就离开，其实这段期间很危险，容易遭受螳螂、蜘蛛等捕食者的攻击。再者，雌虫为了寻找产卵场所而四处飞翔，也容易被鸟类啄食，有时雌虫才产了几粒卵就被捕食，肚子里的很多卵跟着遭殃。

产卵中的麝凤蝶

产卵中的雅灰蝶

螳螂螵蛸

很多蝽会集中产卵，图为刚孵化的若虫。

哪种昆虫的雌虫最多产？

白蚁蚁后一天可产上万粒卵，简直像个产卵机器。生活在澳洲干燥草原的一种白蚁，建造高 6 米的白蚁冢，里面住了 300 万至 400 万只白蚁，蚁后体长达 10 厘米，据推测可活 100 年，一生产下约 50 亿粒卵。蜜蜂的蜂后繁殖力也很惊人，一天约产下 2000 粒，在 7 年的成虫期所产的卵可达到 100 万粒。蜂后一生中只在空中交尾 1 次，但白蚁蚁后一生可以交尾好几次。

蚂蚁因为种类繁多（近 2 万种），产卵数差异很大。例如中南美洲产的漂蚁，不做巢，四处漂泊掠食，在漂泊掠食半个月后，会在一地停留约 20 天，其间蚁后产下约 25000 粒卵，等这些卵孵化以后，漂蚁又开始漂泊，半个月后再度定居一处，就这样每个月产下约 25000 粒卵。由于蚁后的寿命不止 1 年，一生的产卵数

必然相当可观。

白蚁、蜜蜂、蚂蚁都是社会性昆虫，在形成一个社会的上万至上百万只成员中，会产卵的就那么一只蚁后或蜂后，它身负整个社会的命脉，产卵量当然惊人。

但若就每只雌虫都会产卵的昆虫来说，边飞边在空中产卵的蝙蝠蛾雌蛾应该是最多产的雌虫，一次可产下 1 万多粒卵，有名的害虫夜蛾类可产下上千粒，飞蝗可产 500 粒，菜园里常见的菜粉蝶可产 200 至 300 粒，独角仙可能产不到 100 粒。最少的可能是蝼蛄，产卵数不到 20 粒。

其实产卵数和雌虫的营养、寿命大有关系。有一只蝙蝠蛾产了近万粒卵后死亡，解剖后发现它的肚子里还有好几千粒卵，说不定在最佳条件下一只雌虫可产近 2 万粒卵。

蚂蚁巢

白蚁蚁后

蝙蝠蛾雌蛾

蜣螂

CHAPTER 3 昆虫的生活

昆虫中的模范母亲有哪些？

绝大多数的昆虫以卵生方式繁殖，像菜园里常见的菜粉蝶，雌蝶把卵产在可当幼虫食物的菜叶后便飞走，由卵自行孵化；独角仙也一样，把卵产在可当幼虫食物的腐殖土、堆肥中，就算圆满完成任务。有些昆虫的雌虫对后代的照顾则比较周到，例如多种蛾类将自己腹部的毛覆盖在卵粒上，以免卵遭到风吹雨打；蝼蛄、螽斯的雌虫先做好育幼室，才在此产卵，产完卵后随时舐拭卵的表面，让它们保持干净，隔一段时间就重新堆积卵粒，以免有的卵因为过湿或过干而死，雌虫还会在若虫孵化后一段时期陪伴若虫，担负起喂食和保护的工作。

但母爱的进一步表现是卵胎生。卵生只是把卵产下来，任由它受到外界的影响，由于卵不具移动能力，很容易就成为其他动物的食物。卵胎生则是雌虫暂时把卵保留在肚子里，等卵孵化为幼虫后，再把幼虫产出来，以卵胎生繁殖的昆虫并不多，包括某一段时期的蚜虫及部分蝇类。所以有时我们可以看到停留在腐肉上的麻蝇、丽蝇直接产下幼虫，甚至在打死一只丽蝇时，发现它的肚子里爬出数十只小幼虫。

分布在非洲、传播嗜眠病的舌蝇，不只在肚子里保护卵让它孵化，甚至保护到幼虫长到老熟阶段为止，因此产下的幼虫能立刻爬进土中化蛹，可说是保护周全。也因为这样，使防治舌蝇及嗜眠病的专家们大伤脑筋。其实对雌虫来说，这样的照护是很大的负担，所以雌虫厉行精兵策略，一生只产不到10只后代，和其他多数昆虫的产卵数上百、甚至上千相比，可说是少得可怜。

与精兵策略相对的是卵海策略，昆虫界里不少种类的雌虫采取这种以量取胜的繁殖手段，拼命地产卵，以弥补因为某些原因使卵无法顺利孵化的损失。例如身体酷似小枝条的伪装高手竹节虫，产卵时就直接把卵撒在地上，以便孵化的若虫能就近寻找当食物的植物。由于竹节虫的卵看起来像植物的种子，不会引起一些卵食性动物的食欲，因此能安然存活下来。相较之下，蝙蝠蛾的雌虫狠心许多，边飞翔边产卵，而且它的卵一点儿也不像植物的种子，很容易成为卵食性动物下手的目标。

舌蝇

蝼蛄

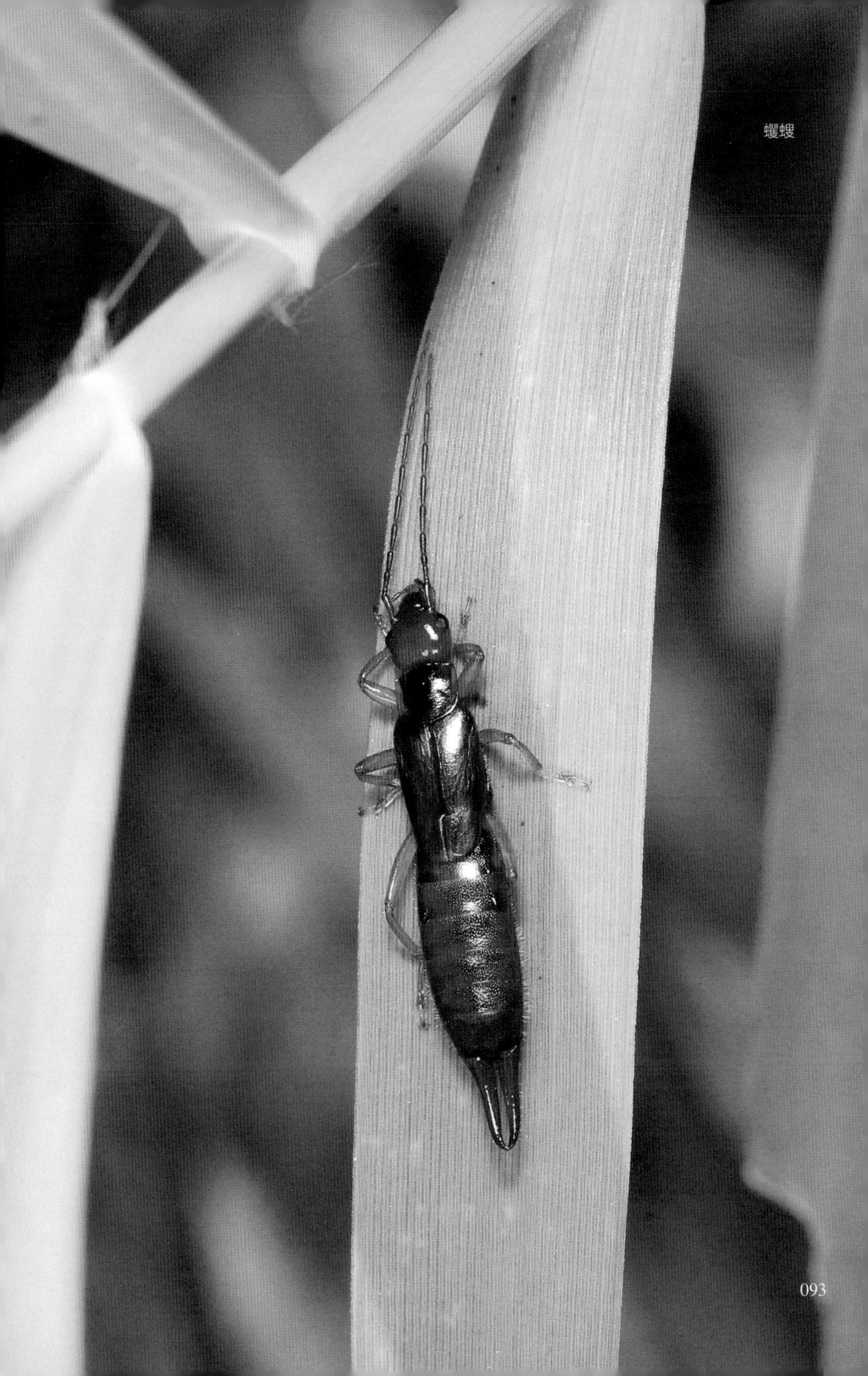

昆虫中的模范父亲有哪些？

昆虫中的模范父亲首推负子蝽。至今已知的昆虫种类多达近 200 万种，专门以雄虫照顾后代的昆虫不到 150 种，其中九成以上是负子蝽科的昆虫。这科又可分为负子蝽亚科与田鳖亚科。田鳖亚科有 24 种，其中 5 种已确认是由雄虫担负照顾后代的重责大任。

负子蝽是过去稻田、池塘里常见的水栖昆虫，由于雄虫的前翅上常背着一堆卵，有些甚至还背着孵化不久的小若虫，所以被叫做"负子蝽"。由于雄虫在一天之内可以和多只雌虫交配，一只负子蝽雄虫背上通常背着数十粒不同雌虫产的卵，有时甚至近百粒卵。

负子蝽之所以把卵背在身上，和它是水栖昆虫有很大的关系。水中的捕食性动物很多，把卵产在水中或水边，卵的生存会受到严重的威胁，不如自己带在身上照顾来得安全。更重要的是，负子蝽的卵是长、短径各为 2.2 毫米及 1.5 毫米的椭圆形卵，和它不到 2 厘米的身体相比，算是大型卵，把卵产在空气中，让它呼吸，并适时保湿，才能确保卵的存活率。然而由于雌虫的产卵管不够长且无法弯曲，不能将卵背在自己的背上，因此只好让雄虫来负担背卵、护卵的责任。

至于田鳖，雌虫产完卵就离开，由雄虫留下来照顾卵块，除了阳光过强时会暂时躲开外，白天它多半守护在卵块旁，晚上爬到卵块上，以它湿漉漉的身体覆盖住卵块，一晚反复 5 至 6 次，并不时以口吻洒水在卵上，以防卵块干枯而无法孵化。雄虫的这份任务一直担负到后代若虫孵化、游泳分散为止。

负子蝽

田鳖

Questions &
Answers
about
Insects

CHAPTER 4
形形色色
的昆虫

CHAPTER 4 形形色色的昆虫

蜉蝣是不是真的"朝生暮死"?

蜉蝣常被视为短命昆虫的代表，在已知约 3000 种的蜉蝣当中，有些成虫口器退化，已不能取食，寿命短的确实只有几小时，但多数种类有 2 至 3 天的寿命，更有存活 1 个星期的长寿者。至于稚虫（幼虫）的发育期，短者半年，长者 2 至 3 年，因此若就整个生活史来看，蜉蝣其实并不算是朝生暮死的昆虫。

从发掘的化石分析，蜉蝣是最古老的有翅昆虫，约在 3 亿 8000 万年前的泥盆纪中期出现，比蜻蜓、蟑螂早了 2000 万至 3000 万年，属于活化石昆虫。雌虫把卵产在河里，孵化的稚虫口器发达，少数种类以水中的小动物或尸体维生，大多数的稚虫则是取食藻类、植物的碎片。稚虫完成发育后会浮到水面羽化，然而出现的不是成虫，而是有些像成虫的"亚成虫"，它们已有翅膀，但不太会飞，翅膀呈暗灰色且不透明，脚及尾毛比真正的成虫短，身体上有短毛，让它能拨水，轻易地从水面起飞。

除了具有翅膀外，亚成虫和稚虫不同的地方还包括从鳃呼吸改为气管呼吸，口器退化到已不适合取食。变为亚成虫后的第二天，它又再蜕皮一次，才变成我们常见的翅膀透明的成虫。蜉蝣这种在稚虫与成虫期之间有个亚成虫期的生活史，是昆虫纲 32 目中仅有的。在蜉蝣之前活动于地上的无翅类昆虫，到了成熟期仍会蜕皮，以增节变态的方式继续发育；蜉蝣则是经过亚成虫期后变为成虫，就不再蜕皮，属于较原始的不完全变态类型。

　　　　　　　　　　　　　　　　　　　　　　扁蜉稚虫

东方蜉蝣亚成虫

东方蜉蝣成虫

蜉蝣成虫如何在一天的寿命里留下后代？

蜉蝣交尾示意图

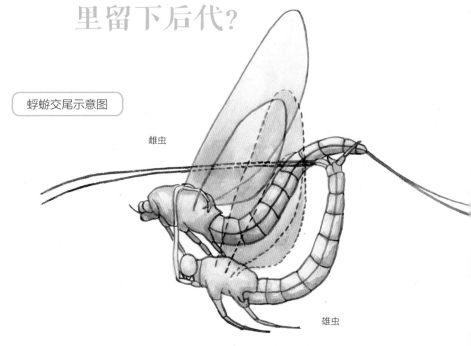

雌虫

雄虫

蜉蝣成虫虽然寿命短暂，但它们依然能如期完成寻偶、交尾、产卵等工作，留下后代。这种高效率来自它们特有的一些机制和习性。

以雄虫寿命不超过一天的大网脉蜉蝣为例，傍晚时一大群雄虫会一起开始反复地快速上升，慢速下降。它们看起来很柔弱，却能活泼地飞翔，是因为口器退化，体重减轻了，既然没有口器不能取食，消化管便失去原有的功能而变成气囊，里面充满空气，让它们能轻快地飞翔。

当一只雌虫飞进雄虫集团时，其中一只雄虫趁机以它特长的前脚跗节捉住雌虫的翅膀基部，接着雌虫就以脚捉住雄虫的背部，开始进行交尾。由于雄虫前脚跗节的第一节特别长，看来仿佛一对触角，古人曾将蜉蝣和天牛混淆。

雌虫交尾完后立刻开始产卵，产完卵即告死亡，也就是说，它把在稚虫期蓄积的养分集中使用在几个小时的繁殖活动上。不仅如此，交尾的雌虫是亚成虫，它连再蜕皮一次变为成虫的体力也保留下来，完全用在繁殖上。一只雌虫可以产下多达 7000 至 8000 粒的卵；一些斑蜉蝣的产卵数甚至超过 1 万粒。由于河里的一些鱼以蜉蝣稚虫为食物，再加上稚虫随河水暴涨而死亡的也不少，蜉蝣只好靠多产来弥补稚虫期的高死亡率。

巨蜻蜓是蜻蜓的祖先吗？

巨蜻蜓

从巨蜻蜓或古蜻蜓的名字来看，大家很容易认为它是现在蜻蜓的祖先，许多专家也曾如此想过，但在详细研究及调查许多发掘出来的化石后，发现它和现在的蜻蜓有许多不同之处。

例如，巨蜻蜓前翅的前缘没有黑色的翅痣，尾端具有飞机翼般的尾角；雄虫的生殖器不在腹部基部，而在尾端，等等。因此交尾时，雌虫不会把腹端接在雌虫腹部基部，而是与其他多种昆虫一样，腹端接腹端交尾。从它的身体构造，以及复眼不像蜻蜓那么大来看，它的动作可能不灵活，只能做滑翔式的飞翔捕食。事实上，当时的森林非常茂密（它们的化石就是现在我们使用的煤炭），而且森林里笼罩着浓雾，视野极为有限，巨蜻蜓根本不需要大眼睛，也不能敏捷地飞翔。

一百多年前，巨蜻蜓化石首先被发现时，专家曾将它和当时生活的恐龙类混淆，把它记述为翅开展有数米的超级大昆虫，但实际上它的翅开展只有60至70厘米。它活跃于石炭纪至二叠纪的中期（约3亿年前至2亿7000多万年前），在二叠纪末期（约2亿5000万年前）绝迹，当时90%的生物都从地球上消失，恐龙也被认为是在此时绝迹的，不过随着相关化石的出土，已知恐龙是在中生代的白垩纪末期（约6500万年前）从地球上消失的。

CHAPTER 4 形形色色的昆虫

如何分辨蜻蜓与豆娘？

蜻蜓和豆娘的确长得颇像，两者都属于蜻蜓目。蜻蜓目可以细分成均翅亚目、间翅亚目、差翅亚目；蜻、蜓和晏蜓属于差翅亚目；豆娘属于均翅亚目，正式的名称叫蟌；兼具均翅亚目与差翅亚目特征的是间翅亚目，目前仅知3种，一种分布于日本，一种分布于尼泊尔，一种分布于黑龙江。

蜻蜓的身体较为扁平粗壮，英文名为dragonfly，飞翔姿势较似飞机，飞翔力比豆娘大。豆娘的身体较纤细，呈圆棍棒状，有damselfly的英文名，它缓慢飞翔的身影让人想起直升机的飞法。

以翅膀形状来看，蜻蜓（差翅亚目）的前后翅形状大小不同，后翅的基部较前翅宽大；豆娘（均翅亚目）前后翅形状大小近似。以眼睛距离来看，蜻蜓的复眼大部分彼此相连，或只有小距离分开；稚虫（即幼虫，叫水虿）腹端没有突出身体外部的鳃，利用直肠气管鳃呼吸——把水吸进直肠内呼吸，也把水喷出体外。豆娘的复眼比较小，在头部的两端，稚虫腹端有尾鳃。

蜻蜓在停栖时，会将翅膀平展在身体的两侧；豆娘在停栖时，则多半将翅膀合起来竖在背上，只有部分种类像蜻蜓将翅膀展开，置于身体两侧。

蜻蜓(斑丽翅蜻)成虫

豆娘水蛋

蜻蜓水蛋

豆娘(黄狭扇螅)成虫

CHAPTER 4 形形色色的昆虫

蟑螂为什么杀不完？

最大原因还是在于蟑螂的繁殖力强，怎么杀都有后代再接再厉。以常在房子里走动、体长 4 至 6 厘米的美洲大蠊为例，它虽然发育缓慢，经过约 1 个月的卵期才孵化，要近半年的时间才变为成虫，但成虫寿命长，通常超过 1 年。雌虫交尾后一次产下十几粒卵，这些卵都包在革质的卵鞘内。卵鞘如红豆粒，外层坚硬，因此里面的水分不易蒸散。

一只雌虫一生可以产下 40 至 50 个卵鞘，为了让卵顺利孵化，雌虫把卵鞘产在不易被发现的地方。卵受到如此的照顾，孵化率必然高。

此外，美洲大蠊的行动敏捷，腹端有 1 对叶片状的尾角，可以感受 2 厘米 / 秒的空气流动，因此当我们轻轻接近它，想出手打它时，往往已被它发现，只能眼

睁睁地看着它逃之夭夭，此时的速度高达 50 厘米 / 秒，相当于它体长 50 至 60 倍的距离。另一方面，蟑螂白天都躲在缝隙或大型家具后面等处，这些都是杀虫剂不易喷洒到的地方。

根据一项以黑胸大蠊为对象的调查，看到 1 只黑胸大蠊，代表屋子里另有 23 只黑胸大蠊，美洲蜚蠊的数据应该也差不了太多。

以蟑螂旺盛的繁殖力来看，只杀死几只在我们面前出现的蟑螂，其实对它们整个族群的影响并不大。

美洲大蠊卵鞘

美洲大蠊

CHAPTER 4 形形色色的昆虫

蚱蜢和蝗虫的差别在哪里？

蚱蜢和蝗虫没有严格的区别。通常会成群生活的是蝗虫，不成群生活的是蚱蜢。在草原或草丛里我们看到的剑角蝗、疣蝗和稻蝗等虫名字上虽有"蝗"，但算是蚱蜢，较擅长跳跃；以成群大发生而有名的是飞蝗，例如历年在中国引起蝗害的亚洲飞蝗，以及《圣经·旧约》上出现且目前在非洲北部仍造成大灾害的沙漠飞蝗。不过有些飞蝗有一段时期不成群活动，即昆虫学所谓的"独居型蝗虫"，它们可算是蚱蜢。

成群而居的群居型蝗虫受到季节风等的影响，降落在一地，在土中产下许多卵，由于蝗群的数目常达数百万至数千万只之多，加上后续蝗群来报到，土中累积的蝗卵高达天文数字，遇到数年一次较丰沛的降雨润湿土壤，蝗卵受到刺激后加速发育而孵化。此时原先休眠的草也开始萌芽，提供若虫（蝗蛹）食物。当食物足够、蝗虫发生密度不很高时，羽化的成虫体色较淡，翅短腿粗，属于独居型，可叫蚱蜢；当蝗蛹数目不少，又和另一群蝗蛹合并，一起食尽当地的食物，羽化的成虫体色较浓，翅长腿细，属于擅长飞翔觅食的群居型蝗虫。

包括蚱蜢在内的蝗虫多达 5000 种，但会成群取食农作物的群居型蝗虫，不到 20 种，但都是恶名昭彰的农业害虫。

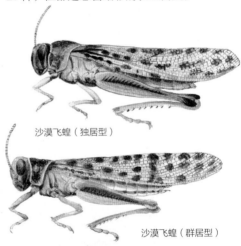

沙漠飞蝗（独居型）

沙漠飞蝗（群居型）

稻蝗

疣蝗

CHAPTER 4 形形色色的昆虫

蟋蟀和螽斯如何鸣叫？

　　蟋蟀、螽斯都是摩擦左右前翅而鸣叫，鸣叫时的主角为雄虫。

　　大多数的蟋蟀是右前翅盖在左前翅上，左右前翅形状大致对称，位于上面的右翅较厚，下面的左翅较薄，前翅靠近基部的一条横走翅脉（鸣脉）的后面呈锉刀状，内侧有数条翅脉，表面呈瘤状。蟋蟀摩擦右翅腹面的锉刀部与左翅背面的瘤状部所发出的震动，传到薄膜部，就变成我们听到的鸣叫声。由于较薄的左翅比较容易振动，左翅成为发出声音的主体。这情形就像小提琴以弓与弦的摩擦来发出声音，但弓的振动较小，声音大多来自弦。

　　螽斯则是以盖在下面的右翅为主要的声音源。不过日本纺织娘的情形稍为不同，位于上面的左翅有锉刀部，但没有薄膜，下面的右翅具有瘤状部和发音用的薄膜（镜膜），因此纺织娘发出的声音与其他螽斯略为不同，较为粗大且较热闹。

　　那么如果把左右翅的上下位置交换，会出现什么样的情形？以蟋蟀为例，用毛笔轻轻把它的左翅放在右翅上，它只好用左翅的锉刀部摩擦右翅，但发出的声音比平常小很多，没多久它便展开左右两翅，恢复到右上左下的正常位置。

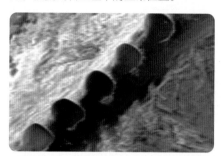

蟋蟀前翅的锉刀部(弦器)显微构造

纺织娘

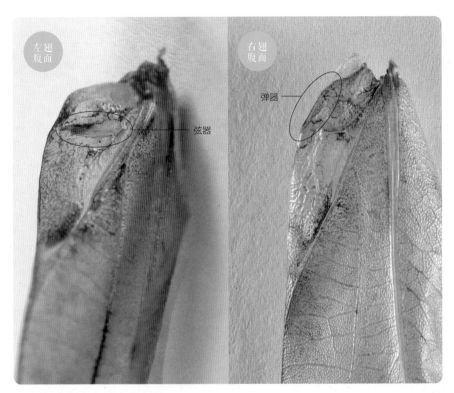

左翅腹面

右翅腹面

弹器

弦器

螽斯的发音构造

螽斯(球背螽斯)鸣叫时，
可看到明显的发音构造。

CHAPTER 4 形形色色的昆虫

有没有不会叫的蟋蟀？

蟋蟀虽然以鸣虫著称，但也有一些种类是不会鸣叫的哑巴蟋蟀，例如栖息于海边沙滩的海滩蟋蟀。由于海边日夜24小时都有浪潮声，蟋蟀即使鸣叫，对方也听不到，加上海边风大，举起翅膀鸣叫时被风吹走的风险很大，万一被吹到海上就凶多吉少，因此它们干脆去掉翅膀，安分地做哑巴。没有鸣声的它们，就利用触角的摸索来寻偶。

仅分布于新西兰和其周围小岛的巨无翅蟋蟀，也是值得一提的哑巴蟋蟀，它们虽然没有翅膀，但利用粗大的后脚摩擦腹侧，发出 shu-shu 的声响来寻偶。以蚁巢为栖所、偷吃蚂蚁食物维生的蚁蟋，由于怕被蚂蚁识破身份，不但身体如蚂蚁般娇小，体色也和蚂蚁类似，加上为了在狭细的蚁巢坑道中活动，翅膀已退化，成了不会鸣叫的蟋蟀。

蚁蟋

海滩蟋蟀

CHAPTER 4 形形色色的昆虫

白蚁为什么过着团体生活？

白蚁是从杂食性的蟑螂朝材食性演化而来的，由于它取食的是营养价值较低、其他动物不太利用的植物材质部，因此它能在树干或朽木中放心地生活、繁衍。当白蚁一起取食一根木头时，没多久就会吃光，面临绝粮危机，于是它们发展出造巢和形成社会的习性，来控制族群无限制的繁殖，由一只雌虫（蚁后）负责产卵。

蚂蚁、蜜蜂的女王一生只在空中交尾一次，以后过着寡妇般的生活；但白蚁女王一生交尾好几次，而且雄虫一直陪伴着女王。从首批卵孵化的若虫担任工蚁，负责照顾女王产下的第二批卵（相当于它们的弟妹）并外出觅食，此后的照顾、觅食工作也一样由新出生的若虫负担下去。

当工蚁及兵蚁的是若虫，除非巢中蚁后因故死亡，它们不会发育到成虫的阶段并产卵。

原始型白蚁在朽木中建造小型巢，取食巢周围的朽木，在同一个地方解决"住"与"食"的问题，当白蚁巢受到破坏或周围的树木被吃光，巢里的白蚁就会断粮。较进化的白蚁则是在土壤中造巢，挖掘隧道通往别的地方觅食，由于住居与觅食地不在同一处，食物供应稳定，不会有断粮危机，成员可以不断增加，以蛀蚀房屋而有名的家白蚁就是这一型。

更进化的白蚁则是在地里或地上建造大型的巢——白蚁冢，有些白蚁冢甚至高达数十米，成员多达数百万只。白蚁冢中有蚁后的产卵室、育幼室、食用菌的培养室等。蚁后负责产卵，工蚁负责育幼、觅食及养菌等，兵蚁负责保卫蚁巢，分工更加明显。令人惊讶的是，虽然是在热带地域，露出于土表的白蚁冢表面温度高达40至50摄氏度，但冢内温度始终保持在30至32摄氏度，因此白蚁能够舒服地生活，并且顺利地培养菌类来当食物。白蚁冢绝佳的天然空调设备，已引起建筑及材料科学家的研究兴趣。

虽然祖先型白蚁早在约3亿年前就出现，但完全社会性白蚁的化石在约6500万年前新生代第三纪的地层中才发现，如此白蚁为了完成高度社会性竟花了2亿多年的时间。

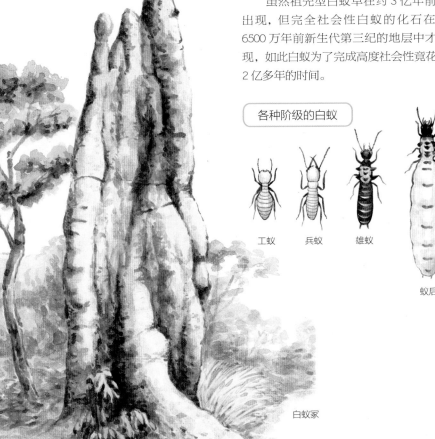

各种阶级的白蚁

工蚁　　兵蚁　　雄蚁

蚁后

白蚁冢

107

CHAPTER 4 形形色色的昆虫

螳螂和蟑螂有关系吗？

"当然有关系，而且有近亲关系"。大家一定会很惊讶！螳螂前胸细细长长，有镰刀状的前脚，蟑螂身体扁平呈椭圆形，前脚一点儿也不像镰刀，两者从外形看来差很多。不过如果仔细看看它们的头部，那倒三角形的脸，昆虫中只有螳螂和蟑螂有那种脸形。螳螂有一对大复眼，和革质而略呈长椭圆形的翅膀，飞翔时的姿势和蟑螂类似。

还有，蟑螂雌虫产卵时，会先做个卵鞘，把卵产在卵鞘里。螳螂也类似，在树枝或草茎上先分泌泡沫状物质，再产卵在里面，泡沫遇到空气立刻硬化，变成坚固的卵鞘（螵蛸），发挥保护卵粒的作用。这种产卵在卵鞘的行为也是螳螂与蟑螂独有的习性。

根据专家的研究，蟑螂是杂食性的昆虫，其中偏向肉食性的一群后来演化成螳螂。比较它们的消化系统就知道，蟑螂前胃里有很发达的齿列，有如鸟类的砂囊，能磨碎不易消化的植物质食物；螳螂前胃内的齿列较钝，适合处理肉类。目前看到的螳螂，前脚的腿节、胫节都已特化成镰刀状，但分布在南美的原始型螳螂——长尾螳螂的前脚胫节不像镰刀，反倒接近蟑螂的胫节。至今所知的最早的螳螂化石出现在中生代三叠纪的地层中，但最早的蟑螂化石则是出土于比它早1亿多年的古生代泥盆纪地层，这表示在1亿多年间有些蟑螂逐渐演化成螳螂。

螳螂的头与前腿特写

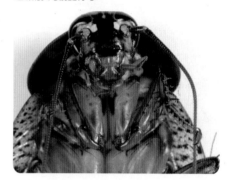

蟑螂的头

小型螳螂的螵蛸

螳螂真的会捕蝉吗？

会的，但是只有大型螳螂才会。螳螂是埋伏型的狩猎高手，它那倒三角形的头，可以灵活地转动；左右离得很远且突出的复眼，不但能扩大视野，还可正确地判定猎物的距离；镰刀状的前脚腿节和胫节特别发达，并且长有利刺；长出前脚的前胸部特别长，可以保护柔软的腹部不会被挣扎中的猎物踢伤。螳螂捉到猎物后，不会把对方拉到自己身旁，免得对方反扑而让自己受伤。这种"考虑自身安全，不冒险挑战超过自己捕获能力的猎物"的态度，也是所有捕获型动物的基本原则，因此狮子会杀死幼象，但不会对已长大的大象出手。我们常见的雌虫大多是体长约10厘米的大型螳螂，刚孵化的若虫其实十分娇小，只有1至2毫米，它们的食物是身体细软又小型的蚊子等，此后随着身体的长大开始捕食黄果蝇、大苍蝇、小蝗虫、蝴蝶，等等，长成体长10厘米（雌）或7厘米（雄）的成虫后，就挑战体长3至4厘米的蟋蟀等昆虫。

螳螂的前胸相当于肩膀的地方有一排微毛，它们的末端刚好接触到头部后方，螳螂转头时一定会压到一端的微毛，因此它便以毛被压的程度正确地测知猎物所在的方向，然后再以二十五分之一秒的神速出手捕掠。正因为具备上述这些捕掠利器和功夫，螳螂才敢去捕捉蝉这种大型猎物。

枯叶大刀螳成虫

刚孵化的螳螂若虫

CHAPTER 4 形形色色的昆虫

雄螳螂会被雌螳螂吃掉吗？

会。螳螂是纯肉食性的捕食者，狩猎时看见会动的东西时便立刻出手搏击，完全不看它能吃或不能吃，捉到了再说。尤其是雌螳螂，为了养育肚子里的卵，需要更多的营养，也就是食物，因此雌螳螂会把体型比它小许多的同种雄螳螂当作狩猎对象，而雄螳螂与雌螳螂交尾时也会特别小心。

雄螳螂发现雌螳螂后会慢慢地接近它，但若是被雌螳螂发现，它就停止前进，等到雌螳螂没注意时才又再一步一步地接近，走走停停，直到抵达雌螳螂身旁才纵身一跃，跳到雌螳螂的背上，用一对前脚抓紧它的身体开始交尾。

整个过程相当危险，动作需要很敏捷，如果雄螳螂不够机警，或雄虫因为年迈而敏捷度变差，就会变成雌螳螂的腹中物。我们看到或听闻的"雄螳螂被雌螳螂吃掉"，大致是这样发生的。

其实雄螳螂也有应付雌螳螂的一套方法。当雄螳螂的头部被雌螳螂吃掉时，雄螳螂还能用腹部末端和雌螳螂交尾。这是因为昆虫的神经系统属于分节神经系，交尾前的动作由头部的脑司管，交尾后的动作由位在腹端的神经节所控制。

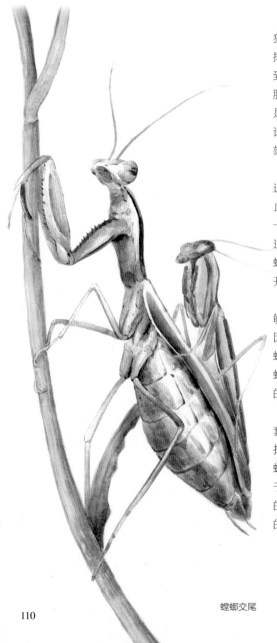

螳螂交尾

除了伪装，竹节虫还有什么逃生本领？

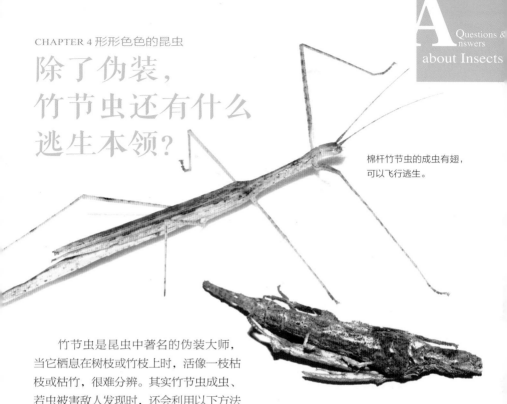

棉杆竹节虫的成虫有翅，可以飞行逃生。

竹节虫是昆虫中著名的伪装大师，当它栖息在树枝或竹枝上时，活像一枝枯枝或枯竹，很难分辨。其实竹节虫成虫、若虫被害敌人发现时，还会利用以下方法脱困。

1. 自割：像壁虎的断尾求生，若虫被捉时，足会自动掉落，蜕皮时再长出新足。

2. 飞翔：情况紧急时它会忽然从枝上掉落，展开翅膀，滑翔式地飞走。

3. 威吓：部分种类会忽然展开翅膀，露出鲜艳的后翅，并摩擦腹部发出声音。

4. 喷射防御性化学物质：台湾最大型的竹节虫——津田氏大头竹节虫，会从前胸背板两端喷出一股有薄荷和杏仁味的分泌物，眼睛被液体喷到会相当疼痛。

5. 装死：有些竹节虫受到惊吓后，会突然从枝条掉到地上装死。这种拟死的行为在其他昆虫身上也看得到，如露螽、叶甲、象甲、瓢虫、锹甲都会用这招来躲避敌害的攻击。

瘤竹节虫不但长得像树枝，装死的本事也是一流，这团树枝里面可是有好几只挂在一起呢！

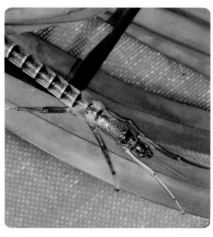

津田氏大头竹节虫有喷射刺激性液体的本事。

CHAPTER 4 形形色色的昆虫

水黾为什么
能浮在水上？

水上漂功夫一流
的水黾。

　　捉一只水黾来，用放大镜观察一下，可以发现体形细长的水黾身上、脚端布满拨水用的绒毛。它的足和其他昆虫一样，分成基节、转节、腿节、胫节、跗节 5 个部分，其中跗节又分成 5 个小节，多数昆虫在最后的第五节上有 1 对爪，但水黾略为不同，跗节的第二节呈细长的圆筒状，爪长在第二节后端附近，跗节上满布细毛，细毛间浸润着水黾分泌的油，如此形成气泡增加浮力。

　　当水黾在水面上运动时，细毛会压住周围的水面，不让它沉下去，加上水的表面张力的作用，虽然足接触的水面会因水黾的体重而凹陷，但水黾仍能浮在水面上。跗节上的毛还能感觉猎物挣扎时引起的水波方向，迅速地前往捕捉。因此若在水中加些洗洁精等表面活性剂，由于表面张力降低，水黾会沉下去。依水黾沉下程度，可以测定水域受到洗洁剂等的污染程度。

　　附带一提，水黾主要的生活场所是在水面，以掉到水面的一些昆虫维生。吸食前，它先将口吻插进昆虫身上，再注入消化液，让昆虫的身体组织变成液体再吸食，这种消化方式我们叫做"体外消化"。

CHAPTER 4 形形色色的昆虫

蝽为什么有股臭味？

　　当你捉住一只蝽或接近它时，会闻到一股冲鼻的气味，那气味和我们常吃的香菜（芫荽）很像，香菜的英文名字 coriander 中的 corian，就是来自希腊文"类似蝽"的意思。有些人因为不喜欢这种气味，叫蝽时特别加上个"臭"字，尤其日本人对这种气味特别敏感。不管蝽的气味带给我们什么样的感觉，对蝽来说，

锈赭缘蝽，成虫的臭腺孔位于中脚的基部旁。

它可是很重要的求生装备。

蝽不论若虫或成虫都会分泌臭液，无翅若虫的臭腺在胸部背板；有翅成虫的臭腺在胸部腹面中脚的基部。

当害敌从蝽右方刺激它或攻击它时，蝽会利用右侧的开口分泌臭液，借此驱敌逃生；若是害敌来自左方，蝽就用左侧的开口；若从左右两边同时来，就利用左右两边的开口。蝽的分泌物由多种化学成分组成，其中忌避性、毒性最强的是醛类，它也是臭味的主要来源。其实这些成分对蝽自己也有害处，因此它的身体表面有一层石灰质保护，若用锉刀磨掉蝽体表

上的石灰层，蝽也会中了自己的毒，麻痹而死。

通常蝽雌虫把十几粒至数十粒卵产成1个卵块，孵化的若虫群聚在一起生活，当成员受到攻击时，蝽马上分泌臭液来保护自己，并通知其他成员危险来临。

在一次室内试验中，把高浓度的蝽臭液成分滴到一群蝽身上，它们会出现四散而逃的行为，而从叶片上掉下来；但改用缓慢的流速及低浓度时，它们会在叶片上形成更稳定的群聚。由此推知，蝽的臭液依浓度之不同具有忌避、警告及形成群聚的功能。

蝽若虫

臭腺孔

是谁在枝条上吐口水？

在野外的草茎或细树枝上，常出现一小团白色泡沫，乍看像是有人吐口水。别怕脏，将它取下来仔细的观察，可以发现一只（有时是两三只）黑色的虫子，那是沫蝉的若虫。

沫蝉的成虫外形颇像小型的蝉，但它的生活习性和蝉截然不同。蝉的雌虫在树枝上产卵，孵化的若虫自己爬下树，在土中吸食树根的汁液，度过漫长的若虫期；沫蝉的若虫则是在产卵处附近的草茎上生活，将口吻插进营养量较少的植物导管中，吸取大量的汁液后，利用体内的过滤器浓缩取得营养，将多余的水分以泡沫的形态排出去。

这里所说的泡沫，不是普通的水泡，而是混合氨和一些脂肪酸，类似肥皂水的泡沫。它不易破灭，不会被雨水冲走或被

风吹散，抗旱性也强，不怕被晒干。这团特殊的泡沫是由数百个很有韧性的小泡沫聚集而成的，空气可以在泡沫的间隙流通无阻。沫蝉利用自己的代谢物来保护身体的特性，给了人类灵感，近年出现的泡泡浴便是从这里开发出来的，但泡泡的功能还是和沫蝉若虫的泡沫有一段距离。

红纹沫蝉成虫

从泡沫里被挖出来的红纹沫蝉若虫

为什么有些飞虱不会飞?

飞虱因为很会飞翔而得名。以褐飞虱为例,它体长不到2毫米,能循着气流轻松地飞越数百公里,降落在稻田里吸食稻子的汁液,在此生活、产卵;孵化的若虫继续取食水稻维生、繁殖。由于一只雌虫能产几十粒到上百粒卵,夏天孵化的若虫不到两个星期就变为成虫,并开始产卵,繁殖之快速,往往没多久就把一片绿油油的稻田变成像被火烧过的褐色,造成稻作枯死,这种现象被称为"虱烧"。

从外地飞来降落在稻田的飞虱,身体细瘦,翅膀发达,属于"长翅型",但它们的后代由于孵化在翠绿的田里,食物十分充足,不必迁出觅食,变为成虫后身体短胖,翅膀也短,善于跳跃但不能飞的"短翅型"。短翅型雌虫繁殖力佳,产卵数常超过100粒,有时甚至是长翅型的2到3倍,两三代下来,一只雌虫的后代数多达上万只,光是一株水稻上就有上百只飞虱聚集吸汁,使稻田很快就出现虱烧现象,此时孵化的若虫因为营养不良,以及同伴过多,导致栖息空间拥挤,羽化后变成"长翅型",飞出虱烧之地,另觅绿田。

换句话说,褐飞虱依生活环境的优劣来决定翅膀的长度;生活条件恶劣时,变成善飞的长翅型,生活条件良好时,成为不能飞的短翅型。

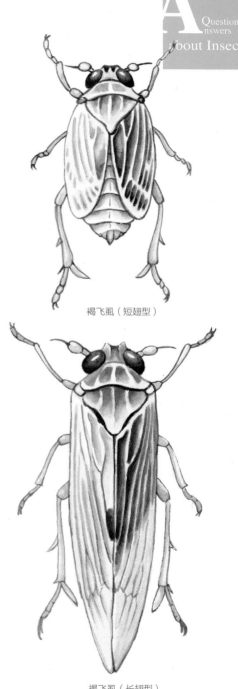

褐飞虱(短翅型)

褐飞虱(长翅型)

115

角蝉为什么长得奇形怪状？

圆角蝉

翻开一些热带地域的昆虫图鉴，可以发现不少背部长了怪异突起的角蝉。当然并不是全世界已知的3000多种角蝉都长得怪模怪样，像台湾可见的圆角蝉只是前胸背板呈半球状隆起，牛角角蝉则是在半球状前胸两侧各有一支如黄牛角的突起，算是见怪不怪。

相较之下，体长约1厘米的锚头角蝉就长得怪异许多，全身黑色，翅膀透明，前胸背板具有锚头状突起，其中向后方延伸的突起竟然超过腹部后端；有的角蝉则是前胸背鹿角状或旗杆状的突起等。它们为何有这种影响自己行动的附属器官，至今似乎还是个谜。

专家推测，无论是若虫或成虫，可以让它们吸汁、供它们顺利发育的寄主植物种类都不多，因此容易出现一棵寄主植物上同时有许多只同种角蝉觅食的场面。

为了保护自己，角蝉采用伪装的策略，例如印度蚤角蝉背上有刺状突起，当它受到干扰时，会绕个180度，爬到树干后面，乍看像是树干上的一根刺；虫粪角蝉体长不到5毫米，站在枝条上时，黑褐色、凹凸不平的半球状身体酷似一粒虫粪。

至于前面提的鹿角状、锚头状、旗杆状等怪形突起，很可能是在发展伪装用突起的过程中，只剩继续发展的基因，即所谓的"过度适应"，最终形成我们现在看到的怪形角蝉。

牛角角蝉

锚头角蝉

蝉的若虫期
为什么那么长？

蝉除了善鸣之外，更以漫长的若虫期及短命的成虫期而闻名。蝉的成虫寿命依种类而异，一般只有 1 至 2 个星期，然而若虫期却十分长。体型小的草蝉若虫期虽然较短，但也有 1 年；螂蝉、宝岛蝉、熊蝉等都约有 7 年的若虫期，蟪蛄则为 5 年。而最有名的应是分布在北美各地的周期蝉，其中三种若虫期为 13 年，另外三种则长达 17 年，通常在初夏的傍晚时分，2 至 3 个小时内上千万只成虫同时羽化，成虫羽化后就拼命地鸣叫、寻偶，进而交尾、产卵，经过 10 天就全部死亡，曾经蝉声震耳的森林再度恢复原来的平静。

蝉的若虫发育缓慢可能和雌虫的产卵习性有关。交尾后的雌蝉就在树枝的表皮下产卵，而一只雌蝉的产卵数通常多达 500 至 600 粒，卵期长短依种类而异，一些种类约经 7 天的卵期，若虫一孵化便爬下树干，潜入土里从根部吸汁，开始若虫期的生活。另一些种类以卵越冬，到了翌春才潜土吸汁。无论以哪一种方式渡过卵期，孵化若虫都十分微小，不能爬远，大都只能在雌蝉产卵的那棵树的根部吸汁。当上百或上千只若虫为了自己的发育，各自吸食大量的树液时，被吸汁的树不久就会枯干，在此吸汁的若虫连带也会断粮而死，因此若虫宁愿拉长若虫期，少取食，以细水长流的方式和寄主植物共生。

至于若虫期长达 13 或 17 年的周期蝉，它们除了细水长流式地与寄主植物偏

十七年蝉

利共生外，还兼顾对付敌害的策略。上千万只周期蝉若虫同时出土羽化，对它们的捕食者而言，绝对是一大危机，因为丰富的食物在一天之间忽然消失，过一段时间来的是刚孵化的若虫，不适宜当食物，捕食者只好挨饿而死或转移生活场所。虽然上千万只羽化的成虫为了寻偶尽情鸣叫 1 至 2 个星期，会招来不少鸟类等捕食者，但鸟的胃容量到底有限，再怎么会吃，也只是吃掉整个蝉群的几百分之一而已。在这种"蝉海战术"下，周期蝉因而能留下为数可观的后代。

尤其 13 与 17，是只能以 1 整除的素数，如果若虫期是 6 年或 10 年等的非素数，捕食者或寄生者可以把它们的生活史延长到可以整除的 2、3 或 5，这样就能利用这些猎物或寄主资源，但遇到 13 年或 17 年的若虫期，必须把自己的生活史延长到 13 年或 17 年才行，至今尚未发现十三年蝉或十七年蝉的天敌。

117

螂蝉的若虫期长达七年。

螗蛄

刚羽化的螂蝉

118

蝉为什么会在固定时间鸣叫？

台湾熊蝉

　　地处亚热带的台湾，除了冬天，都可以听到一些蝉的叫声。若是稍微注意听，会发现蝉声（即鸣叫的种类）依季节而不同，蝉鸣叫的时段也依种类而异。例如台湾蚱蝉在盛夏时早上6点就开始鸣叫，只要有一只蝉带头鸣叫，没多久成千成百的蝉就一起大合唱，唱到11点忽然停止，到了午后3点左右又开始鸣唱，但鸣唱一两个小时就停止，每天如此。但也有主要在傍晚鸣叫、云散光量增加就停止不叫的蟪蝉，或是终日鸣叫的螂蝉、蟪蛄等。

　　以蟪蛄为例，它在夏天天刚亮的清晨4点半左右开始鸣叫，虽然声音时大时小，音调有所起伏，但通常会一直叫到天黑的下午7点多，即亮度到一定程度就鸣叫，降到某一程度就噤声。因此在某些有路灯照明的地段，夜间仍听得到蟪蛄的叫声。事实上，包括蟪蛄在内的各种蝉类的鸣叫，都受到光量的控制，到了一定程度的光量，不管晴天或阴天，就会开始鸣叫。

　　分布在密克罗尼西亚的绿姬蝉更有"时钟蝉"的别称，固定在每天傍晚5点56分鸣叫，只叫半个小时就停止，误差只有4分钟。

集体大合唱的黑蚱蝉

小蟪蛄是台湾特有种。

鳞翅目昆虫有什么特征？

毛翅目因为翅膀长毛而被称为毛翅目，鳞翅目则是翅膀上的毛变成鳞片。由于鳞片的构造比毛复杂，呈现各种颜色，因此鳞翅目包括了多种色彩鲜艳的蝴蝶和蛾，被认为是由毛翅目演化而来的昆虫。

鳞翅目的另一特征是具有虹吸式口器，这是小颚的左右外叶变细、延伸而成的一条管子，通常卷起来，呈螺旋状，不太容易被看到，取食时才把它伸出来。有些天蛾的管状口器甚至超过体长，可伸进细又深的花朵，吸食里面的蜜。虽然大多数蝴蝶、蛾的口器变成吸管状，但原始型蛾类的口器仍是类似毛翅目的咀嚼型。

至于触角的形状，蝴蝶多为鞭状或棍棒状，但蛾类的变化大，同一种类的雌、雄蛾，触角呈现出不同的形状，大致来说，雄蛾触角的构造比雌蛾的复杂。因为大多数的蛾类为夜行性，寻偶时雌蛾会分泌性激素引诱雄蛾，雄蛾为了感受性激素，触角上具有较发达的感觉器。

以蝴蝶和蛾类为成员的鳞翅目，种类繁多，大约有30万种，分为以下5个亚目：轭翅亚目（小翅蛾亚目）、毛顶蛾亚目、外孔亚目（蝙蝠蛾亚目）、单孔亚目、双孔亚目。我们所说的蝴蝶是双孔亚目下二十多个总科之中，属于凤蝶总科与弄蝶总科中的种类，约有2万种。这两总科以外的鳞翅目昆虫，就是一般所说的蛾类。

毛翅目昆虫也被称为石蛾。

石蛾的口器是原始型咀嚼式。

正在交尾的黑线黄尺蛾

斐豹蛱蝶

CHAPTER 4 形形色色的昆虫

鳞翅目昆虫都是吃素的吗？

　　绝大多数的鳞翅目昆虫的幼虫都取食植物叶片、新芽、果实或树枝、草茎等植物质，不少种类因而被列为树木、农作物的害虫，但也有少数种类是肉食性的，例如蚁巢小灰蝶。

　　小灰蝶属于小型的蝴蝶，翅开展大都不到 3 厘米，蚁巢小灰蝶的翅开展却长达 7 厘米，是最大型的小灰蝶，不仅体型大，触角和腹部也很粗大，翅膀颜色暗淡，鳞片粗，乍看像蛾，故有"蛾蝶"（moth butterfly）的别称。雌蝶在蚁巢附近产卵，孵化的幼虫爬进蚁巢，利用发达又尖锐的口器，取食蚂蚁的卵和幼虫。为什么小灰蝶的幼虫不怕蚂蚁用大颚攻击它？原来它全身被覆了硬皮，蛹也有硬壳保护。幼虫在蚁巢中羽化后，有粗大的鳞片护身，等到翅膀、外骨壳完全硬化后才爬出蚁巢，抖落粗大的鳞片，然后起飞。

　　蛾类也有肉食性的种类，例如夏威夷的几种球果尺蛾幼虫（尺蠖），会埋伏在植物茎叶的边缘，当小型昆虫触碰到它的腹部后方时，它会迅速做出反应加以捕捉，是不折不扣的捕食者。

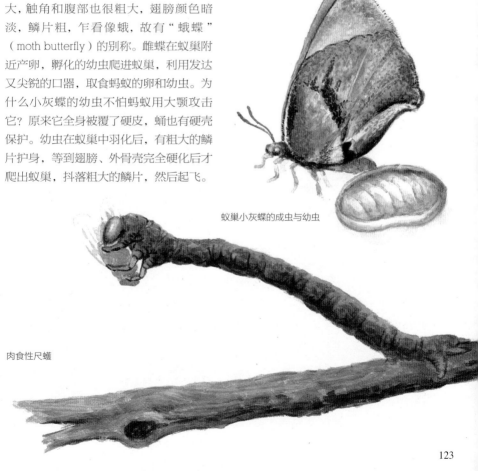

蚁巢小灰蝶的成虫与幼虫

肉食性尺蠖

CHAPTER 4 形形色色的昆虫

蛾类翅膀上的眼状纹
有什么用途？

出现在天蚕蛾、天蛾科中一些大型蛾后翅背面的眼状纹，是它们吓唬虫食性小鸟的秘密武器。大部分的蛾类是夜行性，白天停在枝条上休息，利用翅膀保护色（如褐色等）来掩护自己的行迹，但有时候还是会被它们的天敌——小鸟发现。当小鸟想啄食它们时，它们会忽然展开前翅，露出后翅上的眼状纹来吓阻小鸟。

小鸟为什么会怕眼状纹？原来眼状纹会让小鸟联想到它们的主要害敌——鸶鹰等猛禽类和蛇。在利用 ×、÷、+、= 等各种图案测试小鸟反应的调查中发现，圆圈（○）图案会让小鸟受到惊吓而停止啄食，尤其圆圈里再加小圆圈（◎），愈像眼睛的图案，吓阻效果愈好。

除了蛾类，其他一些昆虫也采用这种自卫方法，最有名的是分布于中南美的猫头鹰蝶，它的翅膀腹面有一对眼状纹，乍看像是只小猫头鹰，和猫头鹰一样，它

也是夜行性。

眼状纹除了吓阻小鸟之外，也有让小鸟弄错攻击目标的作用。例如常在树林里飞翔的蛇目蝶，它的后翅后缘就有小小的眼状纹，小鸟往往误以为那是有它复眼的头部，而对准它猛力攻击，其实这个部位对它的生活影响不大。这也是为什么具有小眼状纹的蝴蝶后翅后缘常有被小鸟啄破的痕迹。

魔目夜蛾的眼状纹就像是瞪着大眼睛的动物。

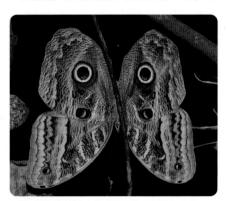

南美洲的猫头鹰蝶

环蝶的眼状纹具有欺敌效果。

蛾类如何回避蝙蝠的超声波？

先来看看蝙蝠为什么会带给蛾类很大的威胁。虽然夜间还有蜥蜴、青蛙、树猴等虫食性动物出没，但它们只在地上或树上活动，蛾类却可以飞到空中保命。

只有前脚演化为翅膀的蝙蝠不仅是飞翔高手，还能发出超声波来侦测猎物的位置并据此捕食，让蛾类不得不小心应对。

因此蛾类在飞翔时会尽量减少声音，不少蛾类翅膀身被细毛，尤其长在翅膀后缘的细毛，其直径、长度和各细毛间的间隔巧妙配合，能缓和超声波的回响，此外翅膀上的鳞粉也有吸收蝙蝠超声波的作用。

一些分布于北美、具有怪味的灯蛾甚至在飞翔时发出一种蝙蝠感受得到的超声波，告知蝙蝠它的味道不好、不值得当食物，就像响尾蛇遇到危险时振尾发出响声一样，这是一种警戒音。

也有些灯蛾故意发出与劣味灯蛾相同的超声波，来回避蝙蝠的攻击，或是向扑击它的蝙蝠发出与蝙蝠相同波长的超声波，来干扰蝙蝠的超声波。如此一来，蝙蝠便无法正确地向灯蛾定位并捕食它。

此外，有些蛾一接收到蝙蝠的超声波，便立刻装死（有人认为它是陷入麻痹状态），闭着翅膀往下掉落，让蝙蝠找不到。

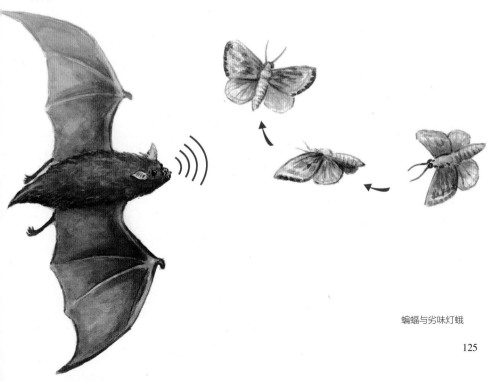

蝙蝠与劣味灯蛾

CHAPTER 4 形形色色的昆虫

毛毛虫一定有毛吗？

毛毛虫是鳞翅目幼虫的通称，其中包括长毛的、短毛的、多毛的、无毛的，也有像菜粉蝶、螟虫、夜蛾看似没毛，要以放大镜详细观察才看得到毛的。

在昆虫学上毛毛虫常被称为"蠋"。事实上，在约30万种鳞翅目中，长毛、多毛型的毛毛虫只占五分之一。

毛毛虫的外观让人认为被它刺到后会很痛，其实真正让人感觉刺痛的，只是少数几种。毛的长短和多寡，跟毛毛虫是否有毒无关。长毛及多毛可吓阻敌人，毛丛有保护虫体的作用；但也不能小看短毛的作用，因为每一支毛根连接着感觉细胞，是极为敏锐的感受器，就像蟑螂腹端的叶片状尾角，可以感受微小的空气流动，察觉害敌的接近，以便采取爬离原处或掉落地上装死等的应变措施。

由于毛毛虫每一体节上体毛的排列方式依种类而异，在鉴定幼虫种类时，毛成了重要的依据。

绿翅褐缘野螟幼虫，螟蛾的幼虫体表比较光滑。

九节木天蛾幼虫

八字褐刺蛾的幼虫全身长满硬刺。

线茸毒蛾有华丽的黄色长毛大衣。

栎毒蛾是大个头的毛毛虫。

127

毛毛虫有毒吗？

毛毛虫不一定有毒，有些只是以鲜艳的颜色来吓唬害敌，真正有毒的不过是少数种类。通常毛毛虫指的是蝶蛾类幼虫中身上有毛的。由于它们身上被着长长的毛，颜色是醒目的黑色或鲜艳的红、黄等色，往往让人以为它们有毒，而害怕它们。其实具备刺人毒毛的毛毛虫只有 400 至 500 种，其中真正可怕的是刺蛾、毒蛾和枯叶蛾，它们都是典型具有毒毛的毛毛虫。被刺蛾幼虫刺到时会有被电到的激痛，但不会有后遗症。但毒蛾比较难缠，被它刺到不久就会开始痒，愈是搔它，愈会让毒毛刺入皮肤深部，感觉愈来愈不舒服，有时会痒上 2 至 3 个星期。

其实已知的约 2000 种毒蛾中，会刺人的不到 10 种，而在台湾已知约 100 种毒蛾中，也只有茶毒蛾等二三种较可怕。茶毒蛾的幼虫具有白色的长毛、黑色的身体，外加黄色毛形成的斑纹，外观不怎么讨人喜欢，但它真正可怕之处是具有数百万根用显微镜才看得到的微细毒毛。

幼虫化蛹时会把毒毛留在茧上，我们若碰触它的茧会发痒；羽化后的成虫则把毒毛附在尾端，雌虫产卵时毒毛就掉落在卵块上，来保护卵壳，因此我们若碰触到卵块也会觉得痛痒。由于成虫有趋旋光性，晚上常循着光飞进屋里，屋里的人若惊慌地追赶它，它会边飞边抖落腹端的毒毛和翅膀上的鳞片，弄得毒毛和鳞片四处飞散而殃及屋里的人，不过鳞片没有毒。此时比较妥当的处理方法是不要惊慌，等

茶毒蛾

它停下来，再小心翼翼地用纸包住它。

被毛毛虫刺到后涂抹抗过敏性的药，效果十分有限，因为毒毛的有毒成分不是酸性物质，氨水更是无效，最好的办法是以冷水冲洗数分钟，然后用透明胶带粘黏拔掉皮肤上的毒毛，绝不要用手触摸被刺的伤口，更不可抓搔，以免造成细菌感染。

有毒毛的木毒蛾卵块

栎黄枯叶蛾幼虫

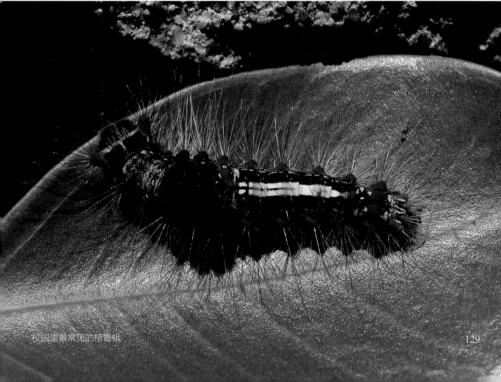

校园里最常见的榕毒蛾

哪些昆虫会吐丝？

谈到会吐丝的昆虫，我们最先想到的是家蚕（蚕宝宝）。其实会吐丝的昆虫出人意料地多，至少已知有 10 万种之多。膜翅目、双翅目、鞘翅目中都有不少具备吐丝功能的昆虫，它们分别利用口器、前脚、消化管、皮肤分泌腺等吐丝。例如一种水栖性甲虫——牙甲，边产卵边吐丝，筑造卵茧来保护卵块；属于脉翅目的蚁狮，化蛹时会从马氏管制造丝，然后从腹端排出。

就鳞翅目昆虫来说，蛾类多多少少都会吐丝，蛾的吐丝是为了结茧。蝴蝶在化蛹时也会吐丝，让蛹挂起来。经过多年的育种，现今家蚕已可制作出重量超过 2 克、长径近 3 厘米的蚕茧，分布在印度的印度柞蚕甚至可造出重 10 至 16 克的大茧，但最大的茧出自非洲巨蚕。

至今在非洲已记录了 9 种巨蚕，成虫在豆科常绿乔木罗晃子的嫩叶上产下数百粒圆盘状的卵，孵化幼虫成群取食嫩叶，吃完一片后集体移到另一片，到老熟幼虫期仍维持群聚生活，300 至 400 只幼虫可造出长径 30 厘米、短径 20 厘米、厚 2 至 3 厘米，如大西瓜般的巨茧。此后幼虫们在巨茧里继续吐丝，各自制作长径 3 至 4 厘米的小茧，历经 7 至 8 天完工，然后各自在小茧里化蛹。

非洲巨蚕的茧外层呈硬膜状，中层则柔软，内层如木板般坚硬，让一些虫食性动物束手无策。但奇妙的是，茧里竟然有不少寄生蜂，不知它们是如何入侵的。

巨茧的纤维纤细，经过精丝过程，可以得到像高级羊毛那般柔软的绢丝，因此一些巨蚕分布的国家积极从事巨蚕绢丝的研究。

此外，不完全变态类中有一群属于纺足目的昆虫，身体为白色，体长约 1 至 2 毫米，看起来很像白蚁，有“拟白蚁”的俗称。由于它们的前脚跗节特别发达，常常在一些树木的树干上吐丝造巢，因而被称作“纺足目”。

吐丝中的蚕宝宝

台湾常见的足丝蚁身体为褐色，常常在大叶桉的树干上织出丝道。

蚕宝宝为什么会吐丝？

蚕宝宝的英文名是 silkworm，直译就是"丝（silk）虫（worm）"，的确它以会吐丝造茧而有名，和蜜蜂并列为两大有用的昆虫。

在谈吐丝问题之前，先来看看蚕宝宝的发育。刚孵化的蚕宝宝好像一只黑蚂蚁，被称为蚁蚕，只有 0.43 毫克的体重，约 2300 只才重 1 克，但到了第五龄的末期，即造茧之前，它的体重增加到 4.5 至 5 克，也就是说体重在 25 天后增加 1 万倍以上，原先丝腺只占体重的 6%，但在第五龄末期忽然增加到 40%，最后以 2 天的时间吐出主成分为丝蛋白、长约 1500 米的丝来造茧，这就是丝绸的原料。

一般认为，蚕宝宝的吐丝是为了保护蛹体，它需要做个厚达 1 毫米的茧。不过研究显示，当剖开茧，取出里面的蛹放在房间里，最终它还是会发育并羽化出正常的成虫。如果把老熟蚕宝宝的吐丝口烧掉，不让它吐丝，有时会导致丝腺爆裂，造成液状丝充满体腔而死，即使丝腺没爆裂，幼虫的身体也会变黑，不能化蛹，最后还是难逃一死。

蚕宝宝吐丝造茧的主要目的，不在保护蛹体，而是为了排泄掉幼虫期累积的代谢物氮化合物。

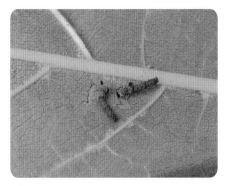
蚁蚕，刚孵化的蚕宝宝

蚕蛹

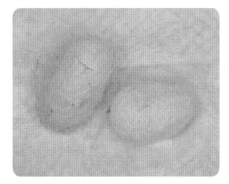
蚕茧

CHAPTER 4 形形色色的昆虫

如何区分蝴蝶和蛾？

白天活动的鹿蛾

弄蝶的触角末端较尖与一般蝴蝶略为不同。

翅缰

一般来说，蝶类外形较美丽，在白天活动，蛾类则在晚上活动；蝶类停息时翅膀竖立，蛾类则让翅膀形成屋脊状；蝶类的触角末端略为膨大呈棍棒状，蛾类的触角变化多，且依雌雄也有差异。从更专业的角度来看，是看前翅与后翅的连接方式，蛾类的后翅具有刺状的突起，叫做翅缰，前翅上有固定翅缰的一条带子，叫翅缰钩。蝶类前翅后缘则是有一排指状突起来扣住后翅前缘。

但这些区分仍有不少例外。例如鹿蛾及灯蛾中的不少种类在白天飞翔，眼蝶及小灰蝶中也有一些种类是在傍晚及黎明时飞翔。眼蝶、弄蝶中有不少不起眼的种类；白天活动的一些蛾类，以及夜间活动的一些夜蛾、灯蛾、斑蛾、弄蛾中，出现许多美丽的蛾种，尤其马达加斯加特产的一种燕蛾，不但触角和蝴蝶的相像，在黑底的前翅及后翅各配有鲜明的绿色及粉红色大斑纹，若没有特别说明，大家会以为它是蝴蝶。

此外弄蝶的触角虽呈棍棒状，但前端尖锐，这种类型的触角在天蛾中很常见。至于翅缰，枯叶蛾、天蚕蛾没有翅缰，分布于澳洲东北部的莱佛士弄蝶雌蝶则具有翅缰和翅缰钩。

不过，整体而言，外形美丽且在白天活动的是蝴蝶，外形不起眼且在夜间出现的是蛾，这样的区分方法大概有百分之八十是不会错的。

燕蛾

蛾类有不少种类色彩不鲜艳，
休息时翅膀收成屋脊状。

蝴蝶的体色一般较鲜艳，
休息时翅膀竖立。

CHAPTER 4 形形色色的昆虫

蝴蝶翅膀上的鳞片有什么功能？

透翅蛾

柑橘凤蝶

蝴蝶的鳞片是由上层鳞与下层鳞组成的。通常我们看到的鳞片是上层鳞，下层鳞只能从上层鳞的缝隙约略可见。鳞片由于含有各种色素，呈现出多种颜色，这种依色素呈现的颜色叫做"化学色"。南美产的太阳蝶、中国台湾产的大紫蛱蝶、黄裳凤蝶、荧光裳凤蝶等，鳞片表面有微细的立体构造，使翅膀因为角度的关系引起光线的折射，而呈现金属光泽，则是所谓的"物理色"。除非破坏鳞片表面的微细构造，物理色永不褪色。

鳞片不只带来色泽、斑纹上的美观，还具有防水功能，可以避免水珠沾湿身体；蝶、蛾类在不慎落入蜘蛛网时，往往靠着脱落与蜘蛛网接触的鳞片而得以脱身。更重要的是，鳞片的覆瓦状排列让翅膀表面有微细的凹凸，宛如鲨鱼的体表，可以减少飞翔时在翅膀表面上产生的空气涡流，进而减少飞翔时空气的阻力，使飞翔容易又节能。

此外，有些蝴蝶雄蝶的鳞片会发散出香味，引诱雌蝶前来交尾，例如条纹粉蝶；也有像柑橘凤蝶之类的蝴蝶，借由不同颜色的鳞片排列呈现出黑底黄条的模样，作为雌、雄蝶寻偶时的标识。

但也有一些蝶类放弃翅膀上的鳞片，例如婆罗洲的金裳凤蝶以透明翅膀而著名。蛾类中也有一些没有鳞片的，例如透翅蛾之类。

荧光裳凤蝶翅膀的物理色

因为角度的关系，同一只荧光
裳凤蝶呈现不同的金属光泽。

蝴蝶如何避暑御寒？

蝴蝶是变温动物，体温容易随气温而变化，为了飞翔，至少必须让体温维持在 30 摄氏度，但夏天飞翔时体温容易超过 45 度，这是足以致命的高温，必须想办法把体温降低才行。最容易做到的降温方法是飞到阴凉的地方，在此慢飞或歇息。例如蓝凤蝶等翅膀黑色的蝴蝶，夏天在大太阳底下飞翔一阵子后，就飞进树林里。

另一种对策是类似我们的流汗，利用汽化热来降低体温。夏天，我们常会看到蝴蝶在积水处徘徊、吸水。它们边吸水边从腹端排出水分，以水冷式循环法降低体温，等到体温充分降低后再飞到空中。通常昆虫摄取的食物、水分，经过消化管消化，以粪便的形态从肛门排泄，时间长则 4 天，短则 2 个小时，但蝴蝶为了避暑边吸水边排水，如何变换消化管的机制，至今还是谜。

至于蝴蝶的御寒策略，是晒太阳。在寒冷的冬天或初春，蝴蝶常在太阳晒得到的地方，与太阳呈直角的方位，展开翅膀或竖起翅膀，以求得最大的阳光吸收率，来取得热能并升高体温。而真正吸收热能的部位是翅膀的基部。由于蝴蝶的翅膀又轻又薄，不易传导热能，因此翅膀基部背面或腹面大多是容易吸收阳光的黑色或深色。

正在晒日光浴的黄钩蛱蝶

青斑凤蝶一边吸水一边撒尿。

在树林中休息的美凤蝶

CHAPTER 4 形形色色的昆虫

越洋的蝴蝶会在途中休息吗？

做了系放记号的大绢斑蝶

大绢斑蝶有宽大的翅膀，适合长途飞行。

能漂洋过海的蝴蝶说多算多，说少也算少，不少蝴蝶会被卷入台风圈飞到海上，再降到陆地，从蝴蝶的翅型推测，在强风中还能飘浮的可能性不小。当然还有少部分不靠台风而做例行性越洋的蝴蝶，如某些斑蝶。斑蝶类飞翔行为的一大特征是缓慢但大幅度地拍动翅膀滑翔，因为它们的身体细长，翅面积大，可以得到不小的浮力，若遇到适当的气流相助，而且尽量不消耗能量，是可以飞越相当长的距离的，其中最为我们熟知的就是大绢斑蝶。根据调查，它们可以飞越东海，从中国台湾飞到日本，或从日本飞到中国台湾，其间标识后释放的大绢斑蝶虽然有数万只，但飞越东海后采到的只有十多只。

大绢斑蝶可以飞越 2000 公里以上的距离，这已获得证实，但由于实在很难观察到在海上飞翔的大绢斑蝶，所以我们无法得知它们是否在中途休息，甚至补充营养。

在菜园里常见的菜粉蝶通常只做一两公里的短距离迁移，偶尔成群做数百公里的迁移，目前中国台湾常见的菜粉蝶可能是 20 世纪 60 年代从日本冲绳地区越洋迁入的后代。1955 年 6 月，日本鹿儿岛南方海域曾发生以下的情形：在风平浪静的海上，有长约 150 米的白色带状，近看才知是上万只的菜粉蝶，它们把一枚翅膀贴在海面，另一枚如船帆般竖起，受到船接近时波浪的搅扰，偶尔短暂地起飞又降落。由于目前只有这一份记录，越洋中的蝴蝶是否都这样休息，不得而知，只好留待以后的调查来揭开谜底了。

CHAPTER 4 形形色色的昆虫

世界最大型的蝴蝶是哪一种?

世界最大型的蝴蝶是只分布在新几内亚东北部低海拔山林的亚历山大鸟翼凤蝶的雌蝶,约有7至8厘米的体长,翅膀开张超过20厘米,最先看到这种蝴蝶的人以为它是鸟,用霰弹把它打下来。不过,雄蝶的翅开展只有10厘米左右。

鸟翼凤蝶是大型蝶,至今所知有16种,只分布于新几内亚、马来西亚及印度尼西亚的部分地区,多具有金绿、蓝或橘黄色等鲜艳的花纹,雄蝶尤其美丽。最小型的鸟翼蝶为鳍尾鸟翼蝶,翅开展为10厘米左右,仅见于新几内亚西部与东端的狭小区域。由于栖息只数少、大型且美丽,鸟翼凤蝶成为标本搜集家热衷的搜集对象之一。在20世纪70年代,一只亚历山大鸟翼凤蝶的交易价格曾达新台币5万元,目前鸟翼蝶已被列为《华盛顿公约》的保护物种,严格禁止商业交易。

有些蝴蝶专家也将黄裳凤蝶类列入鸟翼蝶类,至今已知19种,分布范围较广,除了上述鸟翼蝶分布地区外,也见于印度北部、中南半岛、菲律宾、中国华南地区及中国台湾。其中也分布于台湾的金裳凤蝶及荧光裳凤蝶(兰屿金裳凤蝶),由于具有美丽的金黄色后翅、翅开展超过10厘米,在台湾被列为保育类昆虫。

台湾最大型的蝴蝶——荧光裳凤蝶

雄蝶

亚历山大鸟翼凤蝶

雌蝶

CHAPTER 4 形形色色的昆虫

世界最大型的蛾是哪一种？

世界最大型的蛾类是乌桕大蚕蛾（皇蛾）。雄蛾前翅开张达 18 至 24 厘米，雌蛾更达 26 厘米，比最大型的蝴蝶亚历山大鸟翼蝶（20 厘米）还大，以翅膀面积来看，乌桕大蚕蛾无疑是最大型的昆虫。

乌桕大蚕蛾分布的范围很广，自喜马拉雅山麓至日本冲绳的与那国岛，包括中国台湾及马来半岛、印度尼西亚。依地域之不同，前、后翅中央的透明斑纹有三角形、长方形、镰刀形或卵形等的差异。专家根据透明斑的形状将乌桕大蚕蛾分成几个亚种，其中台湾的乌桕大蚕蛾体型最小，但雄蛾的体长也有 17 至 23 厘米，雌蛾为 18 至 26 厘米；印度尼西亚摩鹿加群岛的雄蛾体长则长达 22 至 25 厘米，虽然没有同种雌蛾的记录，但肯定是比雄蛾大的。

乌桕大蚕蛾在台湾的别名为"蛇头蛾"，取自它前翅有圆弧状突出的顶端及蛇眼状的斑点，一般认为这样的外形有吓阻它的天敌（鸟类）的作用。

乌桕大蚕蛾肥胖的蛹

乌桕大蚕蛾的茧过去曾经被加工成小钱包。

泰国的乌桕大蚕蛾

中国台湾的乌桕大蚕蛾

141

什么是甲虫？

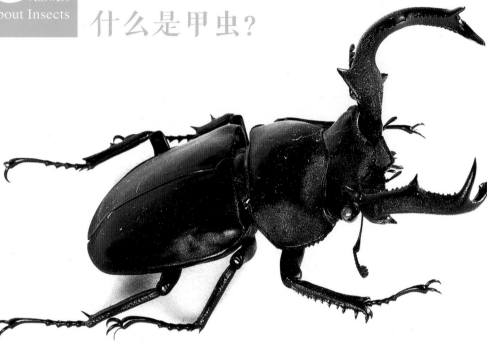

鹿角锹甲

在所有的昆虫里，甲虫大概是大家最熟悉的一群，常见的独角仙、锹甲、金龟子、天牛、瓢虫都是甲虫。

在分类学上，甲虫指的是鞘翅目昆虫，主要的特征是有个坚硬如甲胄的外壳，用来保护身体和翅膀。

甲虫的前翅已硬化为革质或角质，失去飞翔的能力，称为鞘翅；后翅是膜质，叠藏于前翅下方。飞翔时，甲虫会把前翅举起来，伸长通常折叠在前翅之下的后翅，也有一些甲虫后翅退化，完全失去飞翔能力。由于前翅的保护作用很不错，被前翅盖覆的腹部背板变得比腹板还柔软，第八、九节腹节收进第七腹节中，因此雌、雄虫的生殖器通常隐藏于身体内，除独角仙及锹甲等形态较特殊的昆虫外，并不容易辨别雌雄。

甲虫的外形变化多端，但口器构造基本上维持原始的咀嚼式，除了锹甲雄虫的大颚过于发达，已失去取食功能。食性包括植食性、肉食性、粪食性、尸食性，也有寄生在哺乳类动物身体中的，或是取食菇蕈类、与蚂蚁共生的，等等。它们属于完全变态类昆虫，一生经历卵、幼虫、蛹、成虫4个阶段。

兰屿姬兜虫

毛鳞花金龟

苎麻双脊天牛

143

巨蟹蛛的尿会让皮肤
红肿起水泡吗？

在乡下通风较好的屋里，可以见到一种俗称旯犽的灰褐色蜘蛛，它是捕食蟑螂的能手，在动物分类学上的正式名字为"巨蟹蛛"。民间盛传旯犽会在我们的皮肤上撒尿，造成皮肤红肿、起水泡。其实真正的元凶是体型有点像蚂蚁、体长约6毫米红褐色中带有蓝绿色的毒隐翅虫。

这种隐翅虫体内包含着带有毒隐翅虫素的有毒体液，通常活动于潮湿的草丛里，以其他小昆虫或虫卵维生，具有趋光性，晚上会被光引诱飞进屋里。当我们用力拨开，甚至捏死它时，毒隐翅虫素就留在我们的皮肤上，造成线状的红肿伤痕，当沾到毒素的手再去碰触其他部位的皮肤，也会出现前述红肿、起水泡的症状。这种情形多发生在睡觉时，我们往往在早上醒来时才发觉皮肤出现异状、刺痛。由于旯犽也在夜间活动，而且体型较大、目标显著，因此就被当成怪罪的对象。

虽然一只隐翅虫所含的毒隐翅虫素

保护卵囊的巨蟹蛛雌蛛

足够杀死一只小白鼠，只要五十分之一的含量就会让我们的皮肤红肿，但毒隐翅虫素也有它特殊的利用价值。在伤疤上涂上定量的毒隐翅虫素，能引起坏疽，使皮肤脱落，促进新皮肤的重生。在小白鼠的试验中，也发现它对肉肿细胞的增殖有明显的抑制作用，如何把毒隐翅虫素利用于癌症治疗上，目前已成为医学上热门的研究课题之一。

毒隐翅虫

放屁虫真的会放屁吗？

放屁虫（屁步甲）是体长约 2 厘米、黑底黄斑的一类步甲，白天躲在落叶或地底下，晚上才出来活动，遇到危险时，会从尾端释放出难闻、灼热的"屁"，趁机逃走，留下黄褐色的痕迹。

放屁虫的腹端有个分泌囊，负责制造分泌物，再将分泌物贮藏在贮藏囊中，遇到敌害时立即把分泌物送进反应室，在此和一种酶作用，产生恶臭、高达 100 摄氏度的毒气，朝敌害喷出。不过反应室内层耐热性高，放屁虫不会被自己的"屁"给灼伤。

虽然放屁虫的屁在化学试验室里也可以制造出来，但无法像它那样瞬间地合成。在一次试验中观察到，放屁虫在 4 分钟里喷出 30 次毒气。有一些捕食者（如青蛙）动作快速，抢在放屁虫放屁前把它粘进嘴巴里，不过放屁虫也不是好惹的，赶紧在捕食者的嘴巴里施放毒气，逼得对方立刻把它吐出来，而且以后看到具有黑底黄斑这种警戒色的昆虫都敬而远之。

步甲科的食蜗步甲也靠放屁来躲避敌害的捕食，它的一对分泌腺位于腹部末端。比放屁虫更厉害的是，它能利用贮藏囊周围肌肉的收缩，来调整喷射的角度，准确地射中敌害。

放屁虫

食蜗步甲

145

CHAPTER 4 形形色色的昆虫

瓢虫为什么有鲜艳的体色？

大多数的瓢虫斑纹都十分鲜明，有红、黄、黑等颜色，成块状或条状，这种讨人喜爱的体色其实是一种警戒色。因为瓢虫身上含有一种苦味的成分，当鸟类啄食它时，它会从脚的关节散发出苦味，逼迫鸟类立刻把它吐出来。为了让鸟类记取误食的教训，瓢虫以鲜艳醒目的体色来警告对方自己不是好惹的，不要轻举妄动。一般而言，植食性瓢虫的体色较朴素，以红底配黑点居多，由于长有绒毛，斑纹看来没有光泽。

除了利用警戒色自保之外，瓢虫在受到惊扰时，会把六只足缩起来贴在腹面，从叶片掉落到地上，将黑色腹面朝上装死。

至今知道的瓢虫约有 5000 种，在台湾可以看到约有 250 种，其中八成是捕食蚜虫、介壳虫或螨类的"益虫"；另有一成是植食性瓢虫，会为害一些农作物，例如二十八星瓢虫是取食茄子、马铃薯、蕃茄叶子的害虫；少数种类取食花粉、菌类。但整体来说，瓢虫对我们的益处还是比害处多。

七星瓢虫在枝芽间穿梭寻找食物。

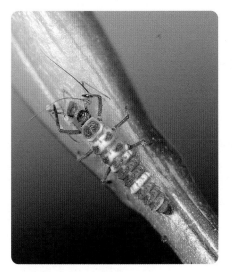

瓢虫的幼虫正在享受蚜虫大餐。

二十八星瓢虫

六斑月瓢虫

CHAPTER 4 形形色色的昆虫

叩头虫如何叩头？

除了人类，很少有动物会仰卧（四脚朝天），因为腹部是全身皮肤最弱、最没防备的部位。有时人们饲养的狗会摆出仰卧的姿势，但那是表示对主人百分之百的顺服和撒娇。叩头虫是昆虫中唯一仰卧后会叩头的，叩完头后不久就跳起来在空中回转一圈，然后恢复六脚着地的姿势，这动作有点像特技表演。

原来叩头虫（叩甲）的前胸腹板后面有一支长刺，刺下有条细沟可以收纳此刺。六脚朝天的叩头虫收缩胸部肌肉，以头部与尾端支撑全身，让身体呈拱桥状后，忽然松开肌肉，恢复正常的直立姿势，把长刺固定于细沟内，利用此时的反作用力往空中一跃。通常叩头虫只跳一次，就能恢复平常的六脚着地，偶尔有闪失，就再接再厉直到恢复正常的身体姿势为止。

叩头虫一次跳跃可高达 30 厘米，比跳蚤的 20 至 25 厘米还高，但考虑身体大小的因素，跳蚤还是跳高冠军，而且跳蚤可以边跳边换方向，并用脚着地。

叩头虫不能控制身体的方向，有时得跳两到三次才能正常着地。虽然如此，叩头虫的跳跃能力对它的逃生帮助不小。当它遇到鸟类攻击时，会先装死掉落到地上，若不幸被发现，就赶紧跳离鸟的视界，跳到安全的地方。

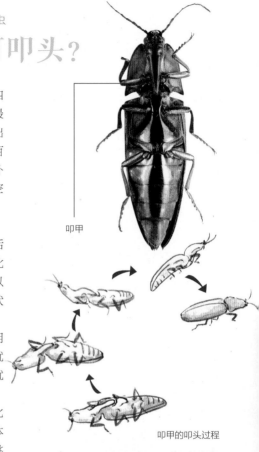

叩甲

叩甲的叩头过程

丽叩甲

CHAPTER 4 形形色色的昆虫

萤火虫为什么要发光？

萤火虫因为具有发光的习性，受到人类的注目，成为人类很亲近的昆虫。全世界已知的萤火虫约有 3000 种，但会发光的只有其中的三分之一。

会发光的萤火虫，它们的发光方式、发光时的光谱，依种类而不同。即使是同一种类，雌雄也有别，会依照发光当时的情形而改变发光的方式。一般认为，萤火虫是利用发光在交换讯息，以达到寻偶交尾的目的。在用强光抑制荧光效果的研究调查中，可以发现它们的交尾率明显下降，所以在萤火虫保护区路灯很少，观赏萤火虫时也禁止使用手电筒。

虽然有些萤火虫成虫不发光，而且在白天活动，但所有的萤火虫幼虫都会发光，甚至有些种类的卵还会发光，而且幼虫期的发光往往比成虫期还要强。

不必寻偶、交尾的幼虫为何也会发光？原来萤火虫幼虫会分泌一种带有异臭的拒敌用物质，为了警告捕食者它的味道并不好，进而发展出发光机制，后来扩大应用到成虫期的寻偶。

发光的萤火虫

萤火虫也有少数是昼行性的，虽然鹿野氏黑脉萤的雄虫也会发光，不过活动的时间却在白天。

黑翅萤是最常见的萤火虫之一。

红胸窗萤

发光的萤火虫幼虫

萤火虫的光会不会烫伤人？

不会。萤火虫的光是冷光，来自体内的发光物质——荧光素受到一种荧光酶的氧化作用，激发出另一种荧光素发光。燃烧是激烈的氧化作用，所产生的大量热量可以用来烹饪或取暖，也能将我们烫伤；但利用酶的氧化分解作用不会发出大量的热量。当我们烤一块面包时，会产生数百摄氏度的高温，但吃掉这块面包，让它在胃肠里由消化酶加以分解消化，却不会烫伤胃肠。

萤火虫发光过程里产生的能量当中，只有 2% 变成热量，其余的 98% 都用于发光，所以荧光几乎不发热。当消耗相同的能源时，萤火虫可以发出比蜡烛高 8 万倍的光量。此外，荧光还有能在水中发光、不会被风吹熄等优点，因此一些科学家一直想研发出像荧光那样发出冷光的灯。虽

萤火虫发光器构造图

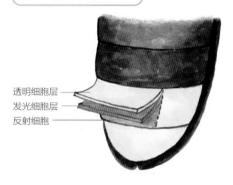

透明细胞层
发光细胞层
反射细胞

然现在的日光灯已相当接近荧光，但用手触摸时还是感觉到它有点热热的。

自然界会发光的，除了萤火虫外，还有蕈蚊、部分种类的蚯蚓、蜗牛、乌贼，以及一些深海鱼等，其中不少种类都是利用酶发出冷光。

幼虫生活在水里的黄缘萤

天牛的名字为什么有牛？

桑天牛

这是因为它们头上有一对长长的触角，具备翅膀可以飞翔，让人联想到牛在空中飞。由于天牛雄虫的触角通常都比雌虫的长，因此同一种类的天牛往往只看触角的长短，就可以区别雌雄。不过有些天牛的触角并不那么长，例如薄翅天牛的触角顶多比身体长一点，南美的长牙大天牛的触角甚至还不到体长的一半。

触角长的种类包括南美的长臂天牛，8厘米的体长配上体长2倍长的触角，从它的名字可知其前脚比触角还长；生活在新几内亚的华莱士白条天牛，是已知约1万种天牛当中的巨无霸，体长8厘米，雄虫的触角超过20厘米。

超长的触角让华莱士白条天牛容易察觉敌害的存在，可以趁敌害开始攻击前逃之夭夭。华莱士白条天牛的另一特征是有个配上一排锐齿的大颚，用来咬取树枝。雌虫还以大颚为工具，在树干上制造咬痕，作为产卵室。被埋在咬痕下的卵受到树皮的保护，可以顺利发育并孵化，之后幼虫蛀进木质部取食而长大。

其实包括天牛在内的大多数甲虫都不是飞翔高手，由于身被很厚的外骨骼，它们仿佛是穿上甲胄的古代武士，行动不够敏捷，只能往前冲飞，或像萤火虫往前飘飞，飞翔已非它们生活中的重要本能，步行虫、象鼻虫当中的不少种类甚至完全失去了飞翔的能力。

长牙大天牛

CHAPTER 4 形形色色的昆虫

卷叶象如何制作摇篮？

　　卷叶象是头部细长像脖子的一群小甲虫。它最大的特征是为了后代折卷树叶制作圆筒状的窝，并在此产卵，而幼虫也在摇篮内发育。出去野外时稍微注意观察，可以发现一些树叶末端吊下一个直径约半厘米、长约1厘米的树叶圆筒，那就是卷叶象的摇篮，有时也可以在地上找到它。

　　在此就以体长约5毫米的姬黑卷叶象雌虫为例，介绍它做摇篮的情形。当新叶展开时，雌虫会在橡树或榆树嫩叶上徘徊，然后先从叶片约中央节的部位向叶脉中轴成直线地咬，之后再到叶片另一侧，从叶缘咬到中轴，此后在中轴上留下咬痕，使咬痕末端部的叶片开始凋萎而软化。接着雌虫在凋萎的叶肉上咬出许多小咬痕，以中轴为中心，将叶片向内折叠成两层，等叶片末端变得更加凋萎柔软时，从末端部把叶片向上卷成圆筒状，通常卷到两个回转时就找个地方用嘴开个洞，把一粒卵产在里面，然后继续卷起叶片到中央的切断部，最后成为圆筒状的摇篮，这段过程约需一个半小时。

　　在吊在叶片末端的摇篮掉落地上并开始腐烂之前，摇篮中的卵早已孵化，并取食摇篮的叶肉，10天后化蛹，再经过约10天的蛹期，羽化为成虫。卷叶象只有在新叶萌出的时候才制作摇篮。那在其他季节里卷叶象如何生活？目前大家的关心焦点都放在摇篮的制作上，缺乏其他实际的观察。其实在自然界我们可做、应做的事还很多呢！

黑点卷叶象

正在折叶片做摇篮的黑点卷叶象

制作摇篮的过程

CHAPTER 4 形形色色的昆虫

独角仙的角有什么用途？

独角仙雄虫有硕大的犄角

雌虫

独角仙因为雄虫头上有一支很明显的犄角，而被取名为"独"角仙。对于这犄角的用途，过去有好几种揣测。有人说，它是雄虫用来展示雄威、争取雌虫青睐的法宝。其实独角仙是夜行性昆虫，寻偶、交尾都在晚上，雌虫怎么看得见犄角是大的或小的？有人说，犄角是用来在树干上挖洞，因为独角仙靠着舐食树木伤口溢出的树液维生。但犄角的形状并不适合用来

挖洞或切开树皮，何况负责产卵的雌虫需要更多的营养，却没有犄角。

大约在30年前，关于独角仙犄角的谜底才真正揭开。原来雄虫夜间飞到树液溢出之处取食时，也会在周围爬行，寻找交尾的对象，若被犄角碰到后几乎没什么特别反应的，应该就是雌虫，可以进一步展开追求行动。若遇到的是雄虫，从对方犄角两叉的宽度就能知道对方的体型是否比自己大。通常体型小的雄虫会主动认输、让步，不打没有胜算的仗。

换句话说，雄虫利用犄角来试探情敌的大小。当体型接近、互不认输时，双方就利用犄角打起来。这时难免两败俱伤，严重时犄角还会断掉，或是前翅上伤痕累累的，在野外采到受伤的独角仙大多是大型者，原因就在此。所以独角仙的打斗游戏中出场的都是体型差不多的雄虫，这样的打斗才有看头。

独角仙雄虫利用犄角来试探
情敌的大小。

155

锹甲大颚为何有大有小？

西光胫锹甲（长齿型）

锹甲最引人注意的地方就是有一对粗壮的大颚，它是许多男孩热衷饲养的昆虫之一，在日本更是掀起饲养大型锹甲的风潮。由于体长每增加 1 毫米，身价就增加好几倍，一些锹甲迷积极开发饲养出更大型锹甲的技术。

自然界中，我们常看到同一种锹甲，它们的身体及大颚的大小有很大的差异。以台湾常见的西光胫锹甲为例，它的大颚形状可以分成以下三型：1. **原齿型**，大颚粗短约 1.2 厘米，略似雌虫的大颚，内侧均匀地长出 6 或 7 个齿状突起；2. **两齿型**，有约 2 厘米长的大颚，基部有 2 个突起，中间没有突起，末端部有 4 或 5 个突起，也就是说齿状突起长在基部与末端的两处；3. **长齿型**，大颚呈圆弧状，长度超过 3 厘米，基部 2 个突起与两齿型类似，但末端部突起变小，这是我们最常见的一型。这三型的体长和大颚的长度呈正比。

这种差异的产生与幼虫生活在朽木中取食木屑维生有关。由于幼虫移动能力差，活动范围只限于雌虫产卵的朽木，因此食物的量与质量影响到幼虫期的发育，最终更反映在成虫期大颚及体型的大小。一般来说，幼虫期若食物充足，会长成大型的锹甲。

锹甲雄虫的大颚用在寻偶时向情敌示威或打架，所以比较长且坚硬；不必示威的雌虫大颚类似原齿型，粗短有力，可以在朽木上刮出裂痕，以便在此产卵。

西光胫锹甲（原齿型）

CHAPTER 4 形形色色的昆虫

什么是寄生蜂？

我们在野外发现毛毛虫或蛹，将它带回饲养，期待它羽化成一只美丽的蝴蝶，但有时希望落空，得到的竟是意想不到的一只或多只蜂，这就是寄生蜂。其实不只是蝴蝶的幼虫和蛹，几乎所有的昆虫都会受到数种寄生性天敌的攻击，而昆虫的卵寄生蜂通常也不会放过。

寄生蜂依寄主昆虫被寄生的发育期，称之为卵寄生蜂、幼虫寄生蜂、蛹寄生蜂等。虽然现在我们知道的寄生蜂已有数万种，不过专家认为数目还会再增加，有人甚至认为会超过甲虫的 60 万种。为什么会有那么多寄生蜂？它们是从哪里来的？

寄生蜂是膜翅目昆虫（蜂类）中的一大类，从化石分析，膜翅目昆虫在 1 亿5000 万年前的侏罗纪出现于地球，此时的蜂类幼虫和蝴蝶、蛾类的幼虫一样，取食植物维生，例如现在看到的叶蜂、茎蜂、树蜂等，都是祖先型的植食性蜂，它们有产卵在植物组织中的习性。但不知何故，竟出现一群以当时处处可见的蜘蛛为食的蜂类，这就是寄生蜂的开始。

寄生蜂的产卵管比上述的叶蜂、茎蜂及树蜂更发达，可以插入卵壳、幼虫体及蛹体。产在寄主昆虫体内的寄生蜂的卵，不只受到寄主昆虫外骨骼的保护，周围就是可当食物的寄主身体组织，有利于它们的发育。不过寄生蜂的生活也受到一些限制，即身体不能比寄主昆虫大，因此目前我们所知的寄生蜂以体长不到 1 厘米的小虫居多，尤其是卵寄生蜂，身体比寄生的卵还要小，不少卵寄生蜂体长不到0.1 毫米，甚至有体长仅 0.02 毫米的蓟马卵寄生蜂，它被认为是目前已知的最小型昆虫。

姬蜂也是寄生蜂的一种，通常具有长长的产卵管。

叶蜂是植食性的膜翅目昆虫，杜鹃叶蜂幼虫以杜鹃花的叶片为食。

正在寄主螳螂卵鞘的螳小蜂，幼虫以卵鞘内的螳螂卵为食。

什么是狩猎蜂？

狩猎蜂是从寄生蜂演化出的一群昆虫。寄生蜂是以多种昆虫为寄主而繁殖的一群蜂类，它们在寄主体内虽然过得很舒服，但是也危机四伏，万一寄主被捕食者吃掉或因故死亡，它就得同归于尽，因此为了后代的安全，寄生蜂雌虫把当寄主的昆虫藏到捕食者不易接近的地方，并将本来只用于产卵的产卵管，发展成具有注射麻醉物质的功能，一针就让寄主陷入麻醉的状态，然后将它带到之前找好的安全场所，再在它身上或身旁产卵，产完卵后再将寄主隐藏起来，如此孵化的幼虫可以取食陷入麻痹状态的新鲜寄主的体组织而长大。这就是所谓的狩猎蜂。

狩猎蜂发展出这一招后，逐渐开始狩猎较大型的猎物，寄主既然大型化，那就更需要一针见效的敏捷行动。

例如以螳螂为猎物的一种尖穴蜂，第一针就得插到螳螂前胸部的神经节，使它灵活的镰刀状前脚失灵才行。

因此为了确保攻击行动迅速而有效，狩猎蜂将和胸部连结的腹部第一节变成细柄状，使腹部能自由活动，让兼具注射麻醉剂和产卵功能的蜂针能精准地插入对方的要害。我们现在以"蜂腰"形容一个人身材苗条，就是来自狩猎蜂。

拖着蟋蟀的尖穴蜂

抓着毛虫准备喂养后代的泥蜂

蛛蜂专对蜘蛛下手，猎物往往比自己还大型。

CHAPTER.4 形形色色的昆虫

蚂蚁为什么能够排队行军？

　　我们常以芝麻、蚂蚁来形容小事，其实不要小看蚂蚁，它可是经营高度社会性生活的昆虫。我们随便放一颗糖果，就会招来一群蚂蚁，它们形成整齐的队伍来往于糖果与自己的巢窝之间。在野外也可看到蚂蚁同心协力地排成一队，搬移一只大蝗虫或其他昆虫的尸体。蚂蚁之所以能够如此有秩序，和它们分泌的一种化学物质——路标信息素有关。

　　原来巡逻的工蚁发现食物后，先咬一口就回巢，回巢途中它的腹端及脚的跗节会分泌路标信息素。回巢后，工蚁立即把食物吐出，以触角示意同伴出动搬运食物。于是大伙儿利用触角探寻先前留下的路标信息素的气味，循线找到食物。途中这些工蚁也会分泌相同的路标信息素，以便后续的同伴能跟进。若以毛笔轻轻拭去路标信息素，或用指头捏死队伍中的一只蚂蚁，后续的蚂蚁感觉路标信息素的浓度不对，会像迷路似地四处徘徊，不成队伍。

　　由于屋内的地形比较单纯，蚂蚁行进的路线多为直线，但在野外，它们大多走弯曲的路线，而且尽可能走在枯枝、落叶上，很少走在土表上。这是因为土壤对路标信息素的吸附力较强，路标信息素没多久便会失效，蚂蚁若走在土表上，就必须分泌更多的信息素。工蚁是靠触角走路的，当剪掉左右两只触角时，它就无法跟着同伴走，若只剪掉左边的触角，它会偏向右边走，感觉不对时才向左边修正，但之后又会偏向右边，也就是走锯齿形路线。

大头蚁正将食物分成小块带回巢中。

基氏细猛蚁的行军队伍浩浩荡荡。

正在肢解猎物的红火蚁

胡蜂为什么人人都怕？

盛夏到中秋这段期间，有时会听到胡蜂（虎头蜂）攻击人，甚至叮死人的消息，让人闻胡蜂而色变。蜂类早在2亿多年前的三叠纪就出现于地球，但一直要到8000万至9000万年前的白垩纪中期才出现具有群聚生活习性的胡蜂。群聚生活的好处是可以共同育幼，不必各自造巢；缺点是由于一个巢窝中有很多肥肥胖胖的幼虫，自然成为其他肉食性动物觊觎的对象。为了自卫，胡蜂采用以毒针攻击入侵者的策略。

胡蜂体长2至4厘米，是蜜蜂的几十倍，毒液量当然也比蜜蜂多了许多，被它一蛰自然比被蜜蜂蛰来得严重许多。此外，胡蜂的毒针呈细剑状、没有锯齿，可以反复地蛰刺。把一只胡蜂的腹部剪掉，用牙签探触毒针的部位，毒针竟还能正确地攻击牙签，原来毒针的攻击行为不必经过神经，而是一种反射动作。所以不要轻易触摸看来已经死掉的胡蜂，以免被蛰。

夏天和秋初是胡蜂最容易攻击人的时期，因为此时期的胡蜂正值繁殖的高峰期，巢中有许多幼虫及蛹，必须扩大地盘；另一个原因是，它们数量一多，胆子就变大，更勇于攻击入侵者。因此在这个时期，我们误闯它们的地盘遭到攻击的可能性很大。

攻击性强的黑腹胡蜂，巢通常长筑树上

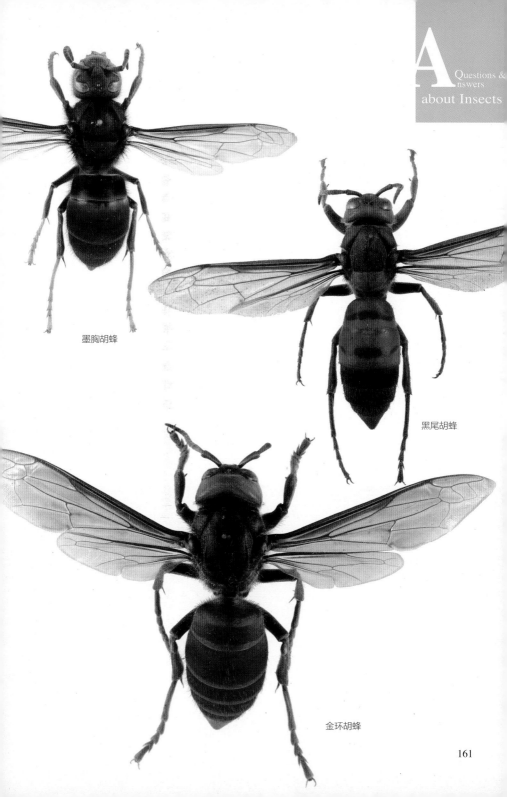

墨胸胡蜂

黑尾胡蜂

金环胡蜂

CHAPTER 4 形形色色的昆虫

蜜蜂的工蜂勤做什么工？

到养蜂场看看蜜蜂的生活，可以看到光是一个蜂箱就有许多只蜜蜂飞进飞出，这些都是工蜂，看来它们每天都过着忙碌的生活。一位奥地利籍专家曾将一些工蜂标识起来，利用透明的蜂箱观察它们在蜂箱里的行为。结果发现，工蜂的平均寿命约为 1 个月，它们除了出外采集花粉、花蜜外，在巢内也要喂饲幼虫、清扫女王蜂及幼虫的排泄物、建筑新巢脾、将花蜜制成蜂蜜，以及贮藏花蜜等，仔细区分可以罗列出约 40 项工作。但真正从事这些工作的时间大约 6 至 7 个小时，其他时间都在巢中徘徊、寻找该做的工作，一天大概休息不到 4 个小时。

虽说工蜂的工作约有 40 项，但它们并非同时做这些工作，刚羽化的工蜂会先清理自己的巢室，再从外勤工蜂那儿接收花粉，并在体内制造幼虫吃的食物——蜂奶，如此工作约两星期后，吸饱蜂蜜开始制造蜂蜡，作为巢脾的材料，并接下外勤工蜂带回的花蜜，制成蜂蜜，到了第三周才飞到外面采集花粉、花蜜。那些我们在花朵上看到、甚至飞到我们身上的，其实都是已到老年期的工蜂。

工蜂算是能者多劳，身兼40种工作。

访花的西方蜜蜂

CHAPTER 4 形形色色的昆虫

花蜜与蜂蜜有什么不同？

许多植物在花朵的最深处有分泌花蜜的蜜腺。花蜜含有糖分，吸引许多种昆虫前来，其中包括蜜蜂。蜜蜂一发现某处有大量的花蜜，会立刻飞回自己的巢窝通知同伴，不久一大群工蜂便飞来此处采集花蜜，带回巢窝，将花蜜加工为蜂蜜，加以贮藏。在利用花蜜的昆虫中，只有蜜蜂具备这种加工及贮藏能力，"蜜"蜂这个名称就是这样来的。

蜂蜜既然是由花蜜加工而成的，两者当然不一样。通常体重70至100毫克的工蜂在一趟采蜜之旅中会从300至600朵花里吸饮花蜜，将前胃装满，带回40至50毫克的花蜜，最多曾带回85毫克之多。除了带着相当于体重一半的花蜜，工蜂的后足也常带有10至30毫克的花粉，令人惊讶的是，它竟还能以时速24公里的速度飞翔。

工蜂回到巢窝后，立即把花蜜吐到在蜂巢内工作的内勤蜂的蜜胃中。在此花

牵牛花的蜜腺

植物的蜜腺有的位于花瓣内侧，有的在花瓣外侧，有的在叶柄，同样受到昆虫青睐。

蜜的主要成分蔗糖经转化酶的作用，被分解为葡萄糖与果糖。由于花蜜的含水量约有50%，必须把它浓缩才能长期贮藏，因此内勤蜂会将蜜胃中的花蜜吐出来，在口腔表面拉展成薄膜状，张开嘴巴，让里面的水分蒸散，再把蜜吐到巢房中。巢内的温度通常高达35摄氏度，加速水分的蒸发，经过2到3天之后，花蜜的含水量可降到13%至18%，如此酿成葡萄糖和果糖占80%、比花蜜更甜的蜂蜜。完成这些工程后，较年轻的内勤蜂会利用它分泌的蜜蜡封盖贮蜜室，以便长期贮藏。

蜜蜂把花蜜收集在后脚的花粉篮构造里，聪明的蜂农将板子放在蜂巢口，工蜂经过后，一粒粒的花粉团就顺势掉落在下方的集粉盒里。

埋头酿蜜的工蜂。酿好的蜂蜜，工蜂会用蜜蜡封起来。

为什么蜜蜂蜇人后就死去？

先从蜜蜂的身体构造来看，蜜蜂的毒针是由产卵管演化而成的，所以没有产卵管的雄蜂不会蜇人。

雌蜂身上连接毒针和身体部分的肌肉很细，呈丝状，毒针末端部有逆向的一排锯齿。当蜜蜂插入毒针后，用力把毒针拔出时，毒针会从腹部末端断掉，让一截毒针连同毒囊留在螫刺的地方，没有腹端的蜜蜂则因为出血过多而死亡。

为什么蜜蜂要采取这种类似恐怖分子的自杀式攻击行为？这和蜜蜂的社会性生活脱不了关系。

一个蜜蜂巢窝中，有上万只的工蜂——雌蜂，它们都是巢中唯一一只蜂后所产的卵发育而成的，彼此间有姐妹的血缘关系。为了保卫姐妹、妈妈，它们愿意奉献自己的性命，何况一只蜂后每天产下上百粒卵，不怕没有后继的工蜂。

胡蜂、马蜂等社会性生活的蜂类虽然也用毒针攻击人，但只有蜜蜂在蜇人以后死亡。这是因为胡蜂的毒针呈细剑状、没有锯齿，容易拔出，加上与毒针相连的肌肉较粗，不会把毒针留在螫刺处。

至于蜜蜂断掉的腹端部分，包括毒囊及挤压毒囊的肌肉，它会继续注入毒液。由于毒液中还含有诱引同伴工蜂发动攻击的化学物质，被一只工蜂螫刺后，马上会诱来数十只工蜂的密集攻击。

因此若不幸被它蜇一针后，要赶快离开现场，以避免遭到后续蜂群的攻击。

至于被蜇后的处理，最好先用水清洗，再用镊子等前端尖锐的东西夹住毒针部，慢慢拔起毒针，千万不要用手指去拔针，那样做很容易压到毒囊，而把留在囊中的毒液挤到更深层的肌肉组织内。

蜜蜂的螫针

胡蜂的螫针

165

如何分辨蜜蜂和食蚜蝇？

在花朵怒放的花园里，总有不少来此吸蜜、采花粉的授粉昆虫，我们熟悉的蜜蜂就是其中的常客，但有时我们会把拟态蜜蜂黑底黄条体色的食蚜蝇，误认为蜜蜂。

其实食蚜蝇属于双翅目，腹部长而扁，只有1对翅膀——前翅，后翅已退化，没有毒针，不会蜇人，不像膜翅目的蜜蜂腹部略呈鸡蛋形状，有2对翅膀，还有由产卵管演化成的毒针。不过两者都是"完全变态"，经过"卵→幼虫→蛹→成虫"的阶段。

食蚜蝇的口器属于"舐吸式"，可以自由伸缩，一发现食物会先吐出消化液，让食物在体外消化，再吸进肚子里。蜜蜂的口器长而尖，是嚼吸式，由上唇、大颚、小颚和特化的下唇组成，既可咀嚼又可吸吮。食蚜蝇常悠闲地飞翔，有时还做定点滞飞，静止时还会像苍蝇那样搓脚或清理翅膀。相较之下，蜜蜂就显得忙碌许多，忙着采花蜜、携带花粉。

食蚜蝇为什么要拟态蜜蜂？这与其本身未具备防身武器有关。为了吓阻螳螂、花蛛等捕食者，食蚜蝇只好借用蜜蜂的外形，狐假虎威一番。研究人员曾在空腹的蟾蜍面前吊一只食蚜蝇，蟾蜍很快就将食蚜蝇吃掉，后来改吊一只蜜蜂，蟾蜍虽然一口将它衔在嘴里，但被蜜蜂的毒针一刺，吓得赶紧将它吐出来。此后蟾蜍再看到食蚜蝇，马上低头，摆出警戒的姿势，不敢招惹它。显然蟾蜍不会辨别食蚜蝇和蜜蜂，换句话说，食蚜蝇的拟态策略奏效。

食蚜蝇多达6000种，成虫都以花蜜维生，幼虫生活则是多种多样，不少种类的幼虫捕食蚜虫，是蚜虫最大的天敌。据一次观察，食蚜蝇幼虫在1小时内能吃掉3只蚜虫。

斑眼食蚜蝇

大灰食蚜蝇

食蚜蝇幼虫（中央灰色大只者）

黑带食蚜蝇

CHAPTER 4 形形色色的昆虫

为什么苍蝇常在垃圾堆徘徊却不会生病？

苍蝇有很好的抗病机制，它的第一道防线就是形成体壳的几丁质。第二道防线就是体液（血液）中相当于人体白血球的数种食菌细胞，它们会攻击入侵的病原菌。食菌细胞不是苍蝇专有的抗病利器，其他昆虫也有。当食菌细胞压不住时，就由一些抗菌性蛋白质（如抗菌肽）接手镇压，形成第三道防线，甚至在必要时分泌更多的这种强力抗菌物质。因此大多数的蛆虫可以在肮脏的环境中平安地发育，化蛹、羽化。

科学家看出抗菌性蛋白质在医疗上的应用潜力，针对多种昆虫进行相关的研究，目前已发现数百种抗菌性蛋白质，并证实其中不少种对人体的病原菌有杀菌力，一种名叫麻蝇毒素的抗菌性蛋白质，已用于人体疾病的治疗。

惹人嫌的麻蝇体内有抗菌蛋白，可用于医疗用途。

大头金蝇除了吃垃圾之外，虽然不怎么斯文，但它们是杂食性的，也可以帮助植物授粉。

CHAPTER 4 形形色色的昆虫

为什么苍蝇停下来时常搓脚？

苍蝇搓脚的行为已成为它的招牌动作，这动作很像我们在搓绳子，"蝇"这个字便是从这里来的。所有昆虫的脚包括苍蝇在内，都是由基节、转节、腿节、胫节、跗节所构成，因此属于节肢动物。每一节都有它的功能，其中最末端的跗节兼具数种功能，是很重要的部位。苍蝇为了保持跗节部的干净，会经常搓脚。

来看看跗节为什么那么重要。跗节的末端有 1 对盘状的构造，叫做褥盘，上面有无数根 0.03 至 0.3 毫米长的微毛，不要小看它们，它们其实是毛状感觉器，就像我们的鼻子、舌头一般，司管嗅觉和味觉。

虽然苍蝇的口器上也有味觉器，但脚端对糖类的感受度是口器的 10 倍，而且苍蝇的味觉器不会被糖精等没有营养的甜味给骗了，遇到这些，它们就置之不理。此外，褥盘会分泌黏液，在黏液的帮忙下，苍蝇可以爬行在光滑的玻璃上，也能以六脚朝天的方式停在天花板上，尤其家蝇在夜间常停在天花板休息。

既然脚端对苍蝇很重要，有人就利用苍蝇搓脚的习性来防治苍蝇，把杀虫剂喷施在天花板、墙壁上，让晚上来此休息的苍蝇脚端接触天花板、墙壁上的杀虫剂，中毒而死。甚至有人研发出一种杀虫板，即在砂糖或糖蜜水中添加水溶性杀虫剂，然后将糖液涂在小片的木板上，把它吊在苍蝇活动的地方来诱杀它。

苍蝇脚上的褥盘

什么是寄生蝇？

寄生蝇是泛指寄生在昆虫、蜗牛、哺乳类等动物身体上的蝇类，已知至少有1万种。它们的寄主范围相当广泛，不像寄生蜂只寄生在昆虫身上。

寄生蜂是从产卵在植物体内的植食性蜂类演化而来的，因而有较发达的产卵管，可以把卵产在昆虫体内。

寄生蝇的祖先则被认为是腐食性蝇类，它没有尖锐的产卵管，只能把卵产在寄主体表，让孵化幼虫自己进入寄主体内。部分寄生蝇为了赶在寄主昆虫蜕皮以前孵化并进入昆虫体内，缩短了卵期，甚至以卵胎生的方式直接产下幼虫。更有不少的寄生蝇改以不蜕皮、身被密毛的哺乳类为寄主。

在过去，养蚕业的头号害敌是一种名为"家蚕蛆蝇"的寄生蝇。雌虫将微小的卵产在桑叶的叶缘，好让家蚕尽早将桑叶连同蝇卵吃进肚子；有意思的是，家蚕在蝇卵上的咬痕，并未对蝇卵造成伤害，反倒有促进孵化的作用。

在家畜体内过着寄生生活的牛虻、马蝇等的幼虫，在昆虫分类学上并不属于寄生蝇；在驯鹿鼻孔里以卵胎生方式产下幼虫的驯鹿蝇，也不被归为寄生蝇。附带一提，由于驯鹿蝇幼虫取食驯鹿鼻腔黏膜组织而发育，造成驯鹿鼻子红肿。圣诞老人的搭档红鼻驯鹿，很可能就是被驯鹿蝇寄生的。

家蚕蛆蝇

马蝇

常见的琉璃寄生蝇成虫喜欢访花。

CHAPTER 4 形形色色的昆虫

蚊子爱叮什么样的人？

当一群人一起到野外郊游或露营时，蚊子常常集中火力，专门叮咬其中的一两个人。但会吸血的是雌蚊，雄蚊通常不吸血。

雌蚊主要是利用触角末节上的温度感受器，感受我们的体温。此外，它的触角上也具有许多化学（嗅觉）感受器，可以感受呼气中的二氧化碳和1-乳酸。1-乳酸是运动过后肌肉中的糖类所形成的分解物之一，和汗一起分泌，排出体表。1-乳酸的分泌量因人而异，当1-乳酸与二氧化碳同时存在时，很容易招来蚊子。有一说，体温高的人容易招引蚊子。这种可能性是很大的，因为体温高，容易流汗。此外，红细胞里的一些磷酸化合物等，对蚊子也都有一定的吸引力。

那么血型会不会影响蚊子的叮咬呢？目前还没有定论。但在一项试验中，把A、B、AB、O四种血型的人关在一处，发现O型血的人诱致的蚊子只数最多。在野外采集吸血后的家蚊、斑蚊、疟蚊，调查它们消化管中的血液凝固反应，也发现蚊胃中的O型血液最多。

看来我们的汗水中似乎还含有一些决定血型的未知物质，而O型血液中所含的诱蚊物质最多，也或许其他血型含有略具拒蚊性的物质。如果深入探讨这些物质说不定可以开发出新型的诱蚊或拒蚊制剂。至于蚊子是不是最爱咬O型的人，还有待更多试验佐证。

白纹伊蚊雌蚊

雄蚊不吸血，以植物的汁液为食。

骚扰阿蚊雄蚊有美丽的羽状触角。

171

CHAPTER 4 形形色色的昆虫

蚊子吸进不同血型的血，
会不会死掉？

应该会，但基本上发生的机会可说微乎其微。人体输入与自己不同血型的血液时，会产生激烈的抗体反应，严重时会有生命危险；蚊子吸进不同血型的血液时，或许在它胃里也会发生类似的反应，但可能性很低。

雌蚊主要利用触角上的化学感受器，以动物呼出的二氧化碳、随着汗水分泌的乳酸，及红细胞所含的一些磷酸盐为线索，找寻吸血对象。蚊子在吸血前，会先注入含有消化酶以及不让血液凝固、带有麻醉作用的唾液，然后再从毛细血管开始吸血。由于麻醉作用奏效，我们往往没感觉自己被蚊子叮了。蚊子一次大致可吸足 5 毫克的血，回收大部分的唾液后就飞走，但留下来的少许唾液让人感觉痛痒。

流进蚊体的血液不经嗉囊，而是直接到达中肠，受到另一酶的作用后，立刻凝固，开始被消化、利用于卵细胞的发育，因此两种不同血型的血液在蚊子体内相遇的机率很小，事实上它们要在血管里相遇才会发生抗体反应。通常雌蚊一次的吸血足够 150 至 200 粒卵细胞发育，在产第二批卵之前不必再吸血，但若吸血中途受到阻碍，就会做第二次吸血，不过此时中肠里旧有的血液已凝固，不会与新进来的血液发生任何反应。如果是在消化管中发生抗体反应，应不致让蚊子丧命。

蚊子

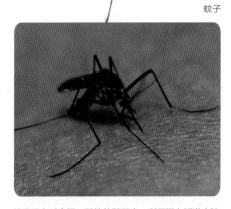

蚊子吸血时会把口器的外鞘弄弯，利用弹力插进皮肤。

小黑蚊属于蠓科昆虫，也是吸血一族。

172

有没有不吸血的蚊子？

谈到蚊子，我们最先想到的是它会吸人血，并传播一些疾病，像家蚊、疟蚊、斑蚊等都是有名的卫生害虫。的确绝大多数种类的雌蚊都具有吸血性，然而也有一些不吸血的蚊子，与家蚊有近缘关系的巨蚊类就是其中之一，雌、雄蚊只吸花蜜即可产卵。

巨蚊成虫体长近2厘米，在蚊类中属于超大型者，故有巨蚊之名，其实它的幼虫——孑孓也很巨大，体长超过2厘米，与家蚊的孑孓栖息在相同的水域，取食家蚊等蚊类的孑孓维生。相较于其他种类的孑孓以水中的有机物质维生，巨蚊的孑孓因为幼虫期营养充足，羽化变为成虫后不必靠吸血来补充营养。

另一种不吸血的是摇蚊，它身体纤细，口器退化，没有吸血的能力。摇蚊歇息时前脚向前伸出，贴紧于墙壁或叶片，姿势和一般蚊子不同，因此很容易辨识。但摇蚊令人印象深刻的是，雄蚊为了寻偶交尾形成大型的圆柱状求偶群集（蚊柱）。

在摇蚊幼虫生活的沼泽、池塘附近，到了傍晚时常出现这种蚊柱，有时上亿只雄虫群集，形成直径1米、高20米的巨大蚊柱。雄蚊在蚊柱中飞旋搏翅的声音诱来雌蚊飞入蚊柱，此时最先向雌蚊示好的雄虫就得到交尾的机会，其他雄蚊只好继续在蚊柱中搏翅。摇蚊一天形成蚊柱的时间仅约半小时，其间能诱到多少雌虫不得而知。

摇蚊的寿命大约1个星期，整体而言能够交尾的雄虫相当有限。但当幼虫生活的水域未受到污染时，每年处处可以看到大大小小的蚊柱，所以它们交尾留下后代的机率仍然不低。摇蚊幼虫的体色依种类而异，有白、绿、黄、褐、红等色，其中红色幼虫为了提高它的呼吸功能，体内含有血红素，而有"红蚯蚓"之称，并以此而闻名，是喂饲各种鱼的饲料及最便宜的钓饵。

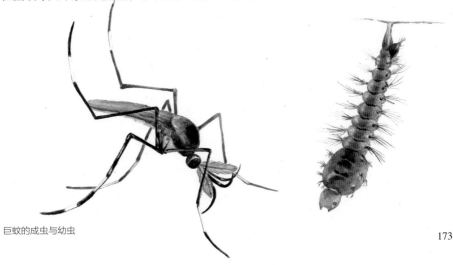

巨蚊的成虫与幼虫

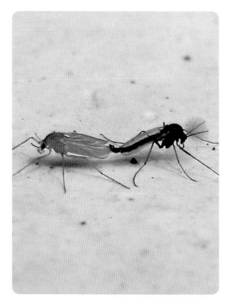

黑毛大蚊状似恐怖，其实以小昆虫为食，完全不会攻　　交尾中的摇蚊
击人类。

蚊柱

Questions & Answers about Insects

CHAPTER 5
昆虫与人

uestions & Answers about Insects

CHAPTER 5 昆虫与人

哪些昆虫爱吃书本？

当我们翻开好久没打开的书本或整理书柜时，常会看到几只身被银色鳞片的虫子落荒而逃，那是衣鱼，别名银鱼、蚋鱼、纸鱼，是无翅类昆虫中的一群，由于无翅且身被银鳞，而被冠上"鱼"的名字。它不只危害书籍，也会出现在放了很久的衣服中。除了我们比较容易看到爬在旧书上的两三种衣鱼外，还有约 500 种生长在野外的石砾及树皮下，甚至也会潜入蚁巢中取食蚂蚁贮存的食物。衣鱼是相当原始的昆虫，腹部还留有腹足的痕迹，这是昆虫由蜈蚣、马陆等腹部有脚的共同祖先演化的证据。

番死虫（窃蠹）也是常见的书籍害虫，书本上出现直径约 1 毫米的针孔状垂直咬痕，就是它的杰作。成虫体长约 3 毫米，成熟幼虫约有 5 毫米，躲在针孔中不易被发现，不像衣鱼一翻开书堆就可以看到。因此我们往往把所有书籍上的危害都算在衣鱼头上。其实衣鱼只舔食封面上的浆糊，不直接吃咬书本。

过去多利用定期日晒，或利用茶叶及其他药草等制造忌避剂来对付书籍害虫，如今现代化的图书馆、博物馆都有良好的温、湿度调整设备，害虫不容易发生，并设有熏蒸消毒室，以便害虫发生时能及时处理，因此书籍害虫的威胁已大大减少。

有时候我们也能在旧书中发现体长约 1 毫米的白色小虫——粉啮虫或有书虱别称的节啮虫，它们除了以浆糊或纸张上长霉的孢子、菌丝为食物，也会取食干燥的

动植物，因此贵重的动植物标本若不小心存放，也会受到它们的食害。

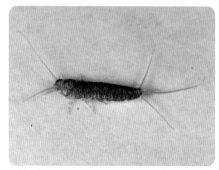

衣鱼

番死虫除了蛀食书本，也吃中药材。

粉啮虫

CHAPTER 5 昆虫与人

山里的松树为什么不见了？

过去在台湾北部的山区、公园或公有地上，松树是很常见的树种，现在却几乎不见了。除了人为的砍伐之外，大多是得了松枯萎病（松材线虫病）枯死的。

松枯萎病是松斑天牛传播松材线虫所引起的。松墨天牛扮演帮凶的角色，羽化的天牛喜欢飞到高大的松树树顶，在此取食幼嫩的松针，并把松材线虫放在食痕上，造成松树生病，然后天牛成虫再在病弱的松树上产卵，这样天牛的卵就不会被松脂封住，可以顺利孵化，孵化的幼虫取食树干部而长大。松树经过这番折腾，只有死路一条。

松墨天牛只是众多森林害虫中的一员而已。事实上，森林里的每一树种都有侵扰它的一群害虫，它们各自取食叶片、新芽、树干、根部等。像松斑天牛这样利用老树苗、衰弱木的森林害虫不少，除了多种天牛外，小蠹、白蚁、象甲、木蠹蛾等，也都属于这一类。从宏观的角度来看，因为这些害虫的存在，老树被淘汰掉，新一代的树木才能茁壮，森林也才能万年长青；若是这些巨大的老树一直存在，幼树就没有发育的空间。

目前被视为木材害虫的一些吉丁虫、天牛、白蚁也一样，它们本来取食森林里的倒木，将它们变成腐殖质，作为养育新一代树木的土壤和肥分。森林生态系统就是靠这些以老树、衰弱木为生活资源的昆虫维持平衡的。

遭受松枯萎病的松树

木蠹蛾(枭斑蠹蛾)

树干里的天牛幼虫

松墨天牛

昆虫如何危害果实？

想吃一粒果实，但运气不好，切开它时，发现里面有虫，这种失望的经验相信大家都有过。我们食用的水果种类上百种，至今没有一种水果不受到昆虫食害的。

危害水果的昆虫多达数百种，有些种类只取食数种果实，有些则是以几十种水果为食物的广食性害虫，例如多种果实蝇、苹果蠹蛾之类的卷叶蛾、象甲等。这些昆虫的幼虫是蛀入果实内取食，因此比较容易被我们发现，但一些蝽以口针插进果肉内吸取果汁，使果肉变成海绵状且没有味道，虽然留下了针孔般的吸痕，但往往被我们忽略掉，等到吃了一口才发现味道不对劲。

水果的果肉主要是植物为了扩大自己的分布范围开发出来的一种传播利器。植物让鸟类取食它的果实，顺便吃掉里面的种子，如此种子可以跟着鸟来到别处，经排泄之后发芽。由于果实含有一些甜味和营养成分，也吸引昆虫前来；但取食果实的害虫并不传播种子，顶多是让受害的果实掉落地面。因此，危害果实的昆虫不只造成我们人类经济的损失，对植物来说更是阻挠它们扩大分布范围的大害虫。

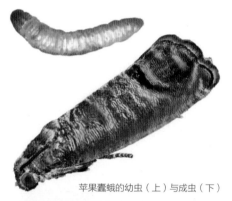

苹果蠹蛾的幼虫（上）与成虫（下）

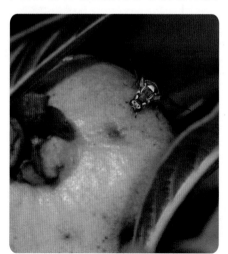

危害多种水果的东方果实蝇

果实受害的情形

为什么有些鸡的屁股没有羽毛？

在养鸡场，我们有时会看到屁股光秃、没有羽毛，甚至背部裸露的鸡，这是鸡羽虱惹出来的祸。

鸡羽虱是一般人相当生疏的昆虫，它与寄生在我们衣服、头发上吸血的衣虱或头虱有远亲关系。但羽虱并不吸血，它以咀嚼式口器取食鸡身上的羽毛，被攻击的鸡觉得很痒，只好拼命用嘴抓痒，甚至把羽毛啄掉，因而出现脱毛鸡。

目前我们所知的羽虱约有 3000 种，它们大多以鸟类为寄主。但在同样有毛的哺乳类身上却很少看到羽虱类。为何羽虱不喜欢哺乳类动物至今仍是个谜。已知羽虱的祖先本来栖身在鸟巢里，以脱落的羽毛及鸟的排泄物等为食物，后来它们当中一些种类发现依附在鸟体的羽毛中很方便，不必为了寻找脱落的羽毛而走来走去，而且鸟体又比巢内温暖舒服，随时可以得到新生的羽毛，于是渐渐把栖所移到鸟体上。

依赖鸟类生活的昆虫不只是鸡羽虱，不少种类的蚊子、床虱（臭虫）也是，不属于昆虫的多种蜱螨也寄生在鸟体吸血。在我们的概念里，鸟是昆虫最怕的捕食者，其实也有一些昆虫是鸟类的克星。

衣虱

臭虫

羽虱

跳蚤为什么会
跳到人身上吸血？

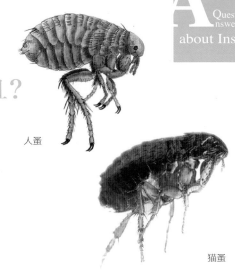

人蚤

猫蚤

通常在我们身上吸血的跳蚤是人蚤，它是体长只有2至3毫米的小昆虫，头部有栉齿状的触角，腹端有毛状的感觉器，可以感受空气的流动、温度的变化，以及动物呼出来的二氧化碳。当它嗅到人呼气中的二氧化碳，就会依循这个线索跳到人身上。

跳蚤虽然有一千多种，但它们对寄主的选择性很强，通常在人身上寄生的人蚤，不会寄生在猫、狗或其他动物身上。以猫、狗、老鼠为主要寄主的猫蚤、狗蚤、鼠蚤，除非找不到它们的主要寄主，不然不会跳到人身上吸血。中世纪被称为"黑死病"的鼠疫，祸首就是寄生在老鼠身上的鼠蚤。它将鼠疫菌传给老鼠，造成老鼠染病而死，当大多数老鼠都病死，找不到老鼠时，鼠蚤才转到人体吸血，传播鼠疫。过去人们虽不了解这种传染过程，但已察觉到死老鼠的出现是黑死病流行的前兆。

同样是吸血性害虫，跳蚤往往比蚊子更令我们困扰，因为蚊子只能在裸露的皮肤上吸血，吸饱了就飞走，而且会吸血的是雌蚊，雄蚊不吸血。但跳蚤不论雌雄，都会吸血，它边跳边爬地进到我们的衣服里，吸血时还会移动，所到之处都会遭殃，发痒的地方不止一处，而且发痒的程度比蚊子严重。其原因在于跳蚤和蚊子吸血前所注入的唾液成分不同。

人们往往是在偶然间受到跳蚤攻击，例如登山时夜宿许久没人住的工棚，

一进去就有一群跳蚤跳上来。跳蚤成虫的耐饥性很长，当其他条件适当时，即使不进食，也可以存活3至4个月，甚至有活了1年半的纪录。

20世纪中期德国曾有个跳蚤马戏团，利用戴上小小银项链、不能随意蹦跳的跳蚤，照着指挥者的口令表演拉车、跳简单的舞蹈等节目，乍看让人以为跳蚤也能听得懂人话，其实跳蚤只是对指挥者发出命令时吐出的二氧化碳有所反应而已。

中世纪的黑死病患

疟蚊有多可怕？

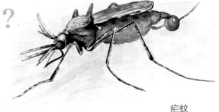

疟蚊

虽然伊蚊传播的登革热目前仍威胁着我们的生活，但与蚊子有关的疾病中最为有名且影响人类历史的，莫过于疟蚊传播的疟疾。早在公元前 500 年左右，疟疾即已侵入希腊，至公元前 400 年广泛发生于整个希腊。但直到 19 世纪末，人们才知道疟疾是由疟蚊传播的。

疟疾影响了历史上多场战事的成败。第一次世界大战（1914 年 ~1918 年）中仅英军罹患疟疾的人数在马其顿就有16 万人、埃及 35000 人、东非 107000 人、中东 2 万人。第二次世界大战的情况也差不多，南太平洋战区因疟疾住院治疗的美军官兵多达 66 万人。

台湾也有一段与疟疾、疟蚊抗战的历史。在 1874 年日本据台之前发生的牡丹社事件中，死于排湾人手下的日本士兵不过四十多名，但超过 16000 名士兵得以疟疾为主的热病，死亡人数高达 561人。在 1895 年日本入侵中国台湾的征伐过程中，战死的日本士兵只有 160 多名，但死于疟疾者约有 4600 名。此事非同小可，促使日本立刻动员军医团调查疟疾、疟蚊。台湾的卫生昆虫学、热带医学可说是从这时候的疟疾研究开展的。

20 世纪初期有关疟蚊生态的研究还不够详细，人们认为农村到处可见的竹林是疟蚊滋生、活动的场所，因而设置疟蚊防治警察制度，厉行砍伐竹林、清理水沟等措施。其实疟蚊幼虫多生活在较清澄的水域，上述措施的防疟效果极其有限。台

奎宁树曾是治疗疟疾的主要药材。

湾成功消灭疟疾是在 20 世纪 60 年代，DDT 的大量使用断绝了疟蚊传播疟疾的路径，后来鉴于 DDT 对环境、人畜的影响过大，而完全禁用 DDT。

年轻人喜欢穿的牛仔裤，原是为了防蚊而从蓝草抽出色素染制而成的，不过现在多已改用人工合成的染料，已无防蚊效果了。其实如果没有疟疾，疟蚊不过是吸血性害虫而已，对我们的危害十分有限。目前中国的台湾已经没有疟疾，所以看到疟蚊不必害怕，但若在国外旅行得了疟疾回来，或被疟蚊叮到，而成为疟疾的传播者，那问题可就大了。

CHAPTER 5 昆虫与人

昆虫中有没有偷渡客？

答案是："有，而且愈来愈多。"昆虫中的偷渡客就是所谓的入侵害虫。过去运输系统、冷藏技术不够发达完善，许多农产品无法送到远地，即使可以，也要花上好多天，侥幸混入农产品的害虫，无论是卵或幼虫在抵达目的地时已长大，容易被发现，但现在拜快速运输、低温贮藏之赐，从国外进来的货物数量及种类愈加庞杂，要及时发现入侵害虫日益困难。例如南黄蓟马、银叶粉虱、非洲菊潜蝇、稻水象甲、红火蚁等，都是最近一二十年偷渡进入中国台湾的入侵害虫。

蕉弄蝶也是很有名的偷渡客，体长约 35 毫米，翅开展达 70 毫米，目前是台湾最大型的弄蝶。关于它如何进入台湾，有几种推测，搭飞机是其中之一。蕉弄蝶除了和其他弄蝶一样飞翔能力强之外，它有被银色物体引诱的奇特习性，而在它分布地区的东南亚机场附近种植了香蕉，在此羽化的成虫被银色机体引诱飞进货舱，到了台湾打开机门时飞出去产卵，这种可能性是存在的。1986 年，高屏地区的香蕉园突然发生蕉弄蝶成灾的事件，但不知为什么，两三年后它们从香蕉园移到野生的芭蕉上，所以现今在林地里可以看到吊着大小不同，大者长十多厘米、直径约 2 厘米的蛋卷状叶筒的芭蕉叶，这是幼虫的栖所。

如今蕉弄蝶已不再是威胁香蕉生产的入侵害虫了，其他一些偷渡来的外来种却不是那么收敛，它们在适应台湾的风土

之后，让农民及相关人员大伤脑筋。所以为了阻止这些偷渡客闯关，我们必须落实植物检疫规定，不可随便带进外来种，需要携带入境时必须接受检疫人员的检查。

银叶粉虱

叶筒中的蕉弄蝶幼虫

受到蕉弄蝶危害的叶片

183

黄腰胡蜂蜇人的机会是所有胡蜂里最高的，见到它必须保持距离。

CHAPTER 5 昆虫与人

遇到胡蜂该怎么办？

　　先来看看胡蜂为什么攻击人？简单一句话，是"为了保护自己的家园"。胡蜂是群居的昆虫，所以有时会听闻直径几十厘米的胡蜂蜂窝的报导。在这么大的蜂窝中，必有上千、上万只肥肥胖胖的胡蜂幼虫和蛹，可供作一些动物的主要食物，像黑熊之类个子大、体被厚毛，是胡蜂最大的劲敌。因此胡蜂会派出一些巡逻蜂注意是否有敌害入侵。巡逻蜂有一个巡逻的范围，也就是胡蜂的地盘，凡擅闯地盘的，会先给予警告，如果入侵者不理会警告而更深入地盘，会受到进一步的警告，甚至攻击。

　　当你看到一只胡蜂飞过来，不理你又飞了过去，那应是正在为它的幼虫觅食的工蜂，不会攻击你。但它若飞近你，甚至在你身旁盘旋，就必定是巡逻蜂，那表示你已踏入它的地盘。赶紧离开它的地盘，若是继续前进，将导致严重的后果。

　　第二点也很重要，一定要静静地离开，千万不要挥手摇头驱赶它。要记得：要走的是你，不是它。从昆虫复眼的构造我们知道，昆虫是近视眼，离它1米，它已看得不太清楚，所以向后退远离它是有效的。但昆虫的眼睛对左右移动的东西看得很清楚，因此我们若挥手去赶胡蜂，反而会刺激它，让它以为我们是在和它作对，这样它不但会用毒针刺我们，还会分泌一种物质招来更多同伴支援，后果就不堪设想了。

　　要做到默默地全身而退并不容易，若不幸挨了一针，不要慌张，还是要忍痛远离地盘，免得扩大自己身上的灾难。万一被胡蜂集中攻击，也只好忍着趴伏在地上，尽量不要动，愈动愈会招来胡蜂的生力军；或是全力跑出它们的攻击范围。接下来我们能够做的相当有限，如果有抽毒器，就从伤口抽出毒液，这样做可以减轻以后的反应，或是通过冰敷来减轻剧痛，然后尽快去看医生。

屋檐下的胡蜂巢

泥蜂是独居型的蜂类，不会主动攻击人。

花园里常见的乌胸马蜂，巢窝为倒莲蓬状，没有巢壳，被它叮到了，伤势较为轻微。

异腹胡蜂的巢小型，没有巢壳，它的攻击性不强。

CHAPTER 5 昆虫与人

昆虫对人类有什么用处?

从人类的观点来看，昆虫可以分为对我们有害、有益和无害无益三大类，大多数的昆虫属于第三类。

第一类包括危害各种农作物、森林树种的昆虫，或是像蚊子、跳蚤、苍蝇、蟑螂等会吸人血、传播病原菌，或出没在我们周遭，妨害我们安宁的昆虫。第二类又可分为益虫和有用虫。前者是捕食害虫或寄生于害虫身体的捕食性或寄生性昆虫，是所谓狭义的益虫；后者是如蜜蜂、家蚕（蚕宝宝）等直接给我们好处的昆虫。第三类是看来与我们没有直接关系，不好也不坏的昆虫。

昆虫繁殖力强大，一只雌虫可以产下数十粒卵，甚至上千粒卵，而且一年繁殖好几次，后代数量非常可观。以菜园常见的蔬菜害虫萝卜蚜为例，它在两个星期内完成一个世代，大约产下50只后代（它是卵胎生，直接生下小若虫），估计一年后生下的后代总重量可达250万吨，若将它们一只一只排列，可以绕地球100万次。不过我们并没有看到整片菜园溢满萝卜蚜的情景，因为有瓢虫、食蚜虻等天敌伺机捕食它们，还有不少种昆虫寄生在它们身上，使它们无法肆无忌惮地繁殖。其他害虫的繁殖也一样，由于受到它们的捕食者和寄生者的围攻，因此平常的发生量都维持一定的平衡。从这里就可以看出，益虫对人类有多重要了。

昆虫对我们的好处是多方面的，除了前面提的，我们日常生活中接触到的许多东西都和昆虫有关系，例如蜂蜜、蜂蜡、蜂王浆、蜂胶来自蜜蜂，丝绸是用蚕宝宝吐的丝为原料，巧克力、口香糖外面一层入口速溶的物质，是白蜡虫和胶虫分泌的虫胶。

昆虫也可以食用，世界各地原住民所食用的昆虫超过500种。由于昆虫发育快、繁殖力强，并含有营养物质，专家们正积极开发昆虫的食用价值，为将来可能面临的粮食危机做准备。

昆虫作为药用，已有悠久的历史，在最古老的相关记录《神农本草经》中共列举了21种昆虫，明朝李时珍《本草纲目》中列了73种，以后补充的《本草拾遗》中，又增加了11种。随着化学分析及药效试验技术的进步，相信在现有的害虫名单中，不难发现药效好且具开发利用价值的种类。目前最有名且最昂贵的药用昆虫是冬虫夏草。

不少昆虫在自然生态系中扮演重要的角色。若是没有腐食性、尸食性和粪食性昆虫在野外当清道夫，处理落叶残枝、动物尸体及排泄物，野外将堆满这些腐败的物质。此外，昆虫的授粉行为虽然常被我们忽略，但不少专家认为蜜蜂对人类最大的贡献其实是授粉，而非提供蜂蜜等产品。昆虫还具有观赏价值，可以当宠物，作为自然观察的教材，甚至成为实验动物。仔细想想小虫有大用，昆虫对人类的用处好像讲不完。

蚕丝制品可以织成高
级丝布，也是乐器的
琴弦材料。

以蚜虫寄生所产生的树枝状虫瘿制成的五倍子，是传统的
中药材。

九香虫是由蝽炮制而成的。

蜜蜂对人类贡献良多，珍贵的蜂王浆是工蜂
准备给新蜂后的营养食物。

人们为什么要养蜂？

这里讲的蜂是蜜蜂。谈到养蜂，我们往往马上想到蜂蜜。在西班牙一处公元前6000年遗留下来的洞穴壁画上，可以看到有人拿壶采蜜的图像，根据史料记载，公元前2000年的埃及人已有养蜜蜂采蜂蜜的行为。事实上，在砂糖尚未传入西方世界的年代，蜂蜜是西方人唯一的甜味源头，很受重视。至今，蜂蜜仍是最重要的蜂产品。

除蜂蜜之外，蜂产品还包括蜂蜡、蜂王浆、蜂胶等。羽化后约一星期的工蜂会从腹部分泌蜡，用来筑造巢脾。人们利用蜜蜂已不使用的巢脾加以溶解，取得蜂蜡，作为制造高级蜡烛、蜡笔、口红，甚至口香糖的原料。所谓蜂王浆，是蜜蜂口器分泌的物质，也是蜂后、幼虫的食物。

工蜂出巢去采蜜时会采回不少花粉，作为自己的食物，花粉因为富含蛋白质、维生素和无机盐等营养物质，自然也引起人们注意，利用特殊装置来收集花粉，以花粉粒出售。蜂胶是蜜蜂从白杨树等搜集来的树脂，用于修筑巢脾或防卫外敌，自从人们发现它有疗伤、抗癌等效用后，20世纪90年代起成为颇受重视的蜂产品。此外，蜜蜂御敌用的毒针及毒液，也被用于过敏症的诊断，并发展出故意被蜜蜂螫刺来治疗病痛的"蜂针疗法"。

近年来蜂产品的取得不再是养蜂的唯一目的，蜜蜂的授粉作用也渐受到广泛的重视。已知苹果、梨、梅、草莓等都是经由蜜蜂授粉而结果的，甚至有专家评估

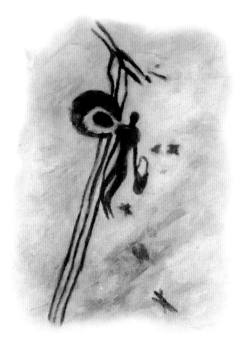

拿壶采蜜的洞穴壁画

蜜蜂所带来的经济效益是蜂产品的好几倍，而提议将蜜蜂称为"花粉蜂"。此外，蜜蜂的巢脾构造也成为专家致力研究的对象。巢脾构造是蜜蜂、胡蜂用来养育幼虫的蜂室，是正六角形的柱状小室，排列得整整齐齐。工蜂先利用触角测量大小及形状，再以大颚分泌蜡，逐步完成巢脾的筑造。由于这种立体构造是以最少的材料建成最大的空间，兼具稳固与轻量的优点，人们将这种原理应用在冷却器、建筑物的建构上，也应用于制造飞机机翼、高铁、火箭及航天飞机的外壳。

各式各样的蜂产品

收集蜜蜂花粉的采粉盒

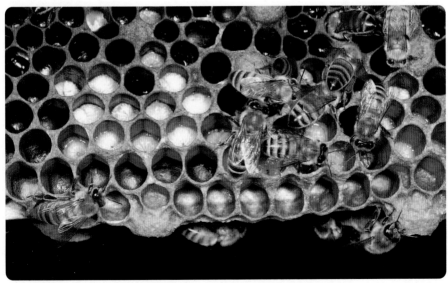

六角形的蜂室是储存蜂蜜和养育下一代的地方。

CHAPTER 5 昆虫与人

昆虫可以吃吗？

可以。其实人类最早就是食虫动物，不论东方或西方，早在两三千年前就有食虫的记录。昆虫含有高量的蛋白质及矿物质，有人体所需的必需氨基酸，是很有营养的食物。虽然在现今的生活中，昆虫已不是主要的动物蛋白质来源，但至少仍有500种昆虫被列为食用昆虫，其中包括蚂蚁、蚕蛹、蜜蜂、蝗虫、蟋蟀等我们熟悉的昆虫。

人类将来的粮食问题中，最令人担忧的就是动物蛋白质的供给问题。若是将某些植食性的农业害虫作为食用，将有助于缓解日后可能面临的粮食危机。但昆虫作为食物仍有一些问题需要克服。

首先要改善口感的问题，由于昆虫外被发达的外骨骼，直接食用时，会有吃到沙粒的感觉，如果能让昆虫同时蜕皮，趁外骨骼还未硬化前取食，或软化外骨骼，就能解决口感的问题。其次是供销量必须稳定，需要开发出更好的饲养技术，并建立有效率的产销管理制度，让虫源不致中断，才具有商品价值。第三是克服吃虫的心理障碍。一般人想到吃虫，就觉得恶心及厌恶，其实昆虫也是很有营养的，为了避免看到整只昆虫联想过多，可以作些加工，例如将昆虫切碎、磨成粉状或作成肉酱等；或者与其他食材混在一起。20世纪五六十年代曾流行蚂蚁巧克力球，吃起来除了有巧克力的风味外，还有蚂蚁特有的酸味，相当受人喜爱。

泰国夜间市集可以看到的虫食专卖摊贩。

东南亚部分地区有吃昆虫
的习惯，油炸蝗虫是受欢
迎的下酒菜。

田鳖体内有特殊气味，在东
南亚有些人拿它作为酱料的
调香食材。

吸食甘蔗树根的草蝉
若虫在台湾东部也是
受欢迎的桌上佳肴。

191

冬虫夏草是植物还是动物？

冬虫夏草（虫草）不是单纯的植物，而是以昆虫为寄主的一种真菌——冬虫夏草菌的子实体与昆虫尸体的复合体。可以当寄主的昆虫不少，包括蛾类幼虫、甲虫、椿象、螳螂、白蚁、苍蝇、蜂、蚂蚁，几乎涵盖所有的昆虫。随着寄主昆虫的不同，寄生的冬虫夏草菌种类也不同，已知约有 400 种冬虫夏草。

多种冬虫夏草菌在夏天侵入生活在土壤及朽木中的昆虫幼虫、蛹或成虫身体中，在此慢慢发育，长出菌丝，没多久菌丝便充满虫体，导致寄主昆虫死亡。进入冬天后，虫体内的菌丝开始向外发育，从头部或体节长出丝状或棍棒状的大型子实体，看起来像植物，因而被取名为"冬虫夏草"。

自古以来被视为珍贵药材、长寿灵药的冬虫夏草，是以蝙蝠蛾幼虫为寄主，主要产地在海拔 3000 至 5000 米的青藏高原，当地住民在仍有积雪的初春，慢慢地从冰冻的土中将它挖出来，因此价格奇贵。现在市面上看到的冬虫夏草大多是以其他蛾类幼虫为寄主、在室内大量培养的，价钱自然较野生的便宜许多。

另一种著名的冬虫夏草是"蝉花"（金蝉花、蝉菌），以在土中生活的蝉的若虫为寄主，据传有止痛、镇静的效果，在大陆被用于止咳、治疗疟疾，在台湾被用于治眼疾。

以蝙蝠蛾幼虫为寄主的冬虫夏草

CHAPTER 5 昆虫与人

蚕丝除了当衣料
还有什么用途?

　　过去我们为了制作绸丝，养蚕是一大产业，但自从化学合成纤维出现后，蚕丝逐渐被取代。其实蚕丝除了当纤维原料外，还有其他用途。例如用化学物质溶解蚕丝后将它重新凝固，可以制作以蛋白质为主要成分的透明薄膜。由于此薄膜的透气性极高，可用来制造透氧隐形眼镜。以化学处理软化蚕丝制成的微细粉末，给人柔软细腻的感觉，将它涂在塑料制品等物体上，具有吸汗性，不易滑溜，但仍能保持原有的柔软触感，所以在圆珠笔、电话的表面都用到它。近年来，蚕丝蛋白的特性愈来愈受到人们的重视和开发，做为新高科技材料或营养、保健食品、化妆品添加剂等，都非常具有潜力。

　　将蚕丝应用于人造皮肤等医疗用途，虽然还在开发的阶段，但以蚕宝宝作为航天员的食材似乎已有具体的成果。目前航天员的食物都是从地上带上去的，不仅输送食物的工程很复杂，对长期停留在太空工作站的人员而言，食物也了无新鲜味。由于蚕宝宝发育迅速，自孵化至成熟吐丝大约 25 天生长期，体重增加 1 万倍，且目前已开发出饲养结果极佳并可长期贮藏的人工饲料，不用桑叶也可养蚕；加上蚕蛹营养价值高，富有脂肪、蛋白质、无机盐类，所含的必需氨基酸是猪肉的 2 倍，鸡蛋和牛奶的 4 倍，有 3 粒蚕蛹等于 1 个鸡蛋的说法，因此，美国太空开发科技中心正积极研发在太空养蚕的技术，若是此项尝试成功，航天员将可以自己养蚕并经过一些加工，吃到新鲜的肉品。

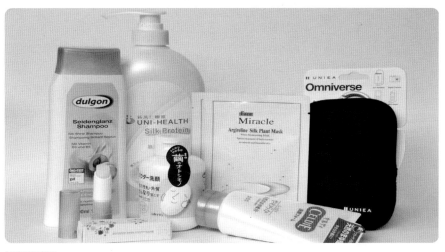

各种蚕丝制品

CHAPTER 5 昆虫与人

什么是蝇蛆疗法？

当我们烧伤或割伤时，伤口周围的肌肉组织失去生命现象，变成了腐肉，医生在治疗时会尽量夫掉此部分的腐肉，然后再涂药，加些促进周围正常组织再生功能的药品及杀菌用的抗生素。在抗生素尚未出现的 20 世纪 40 年代以前，欧美各国采用的是"蝇蛆疗法"。蛆虫就是蝇类的幼虫，不少蛆虫以腐肉维生，所谓"蝇蛆疗法"就是利用蛆虫的腐食性来除去腐烂的组织。

随着抗生素的滥用，自 20 世纪 80 年代起出现不少对抗生素有抗药性的化脓性病菌，致使沉寂多时的蝇蛆疗法再度受到注目，大有复兴的趋势。由于大头金蝇的尸食性较大，且已建立符合医疗卫生安全的饲养方法，因而目前欧美约有 35 个国家在处理部分慢性伤口感染及对抗生素有抗药性的病菌时采用蝇蛆疗法。

移植到伤口的蛆虫会分泌一种蛋白质分解酶，溶解坏死的组织后再加以吸食。该种酶不会溶解正常组织，因此不会

大头金蝇

影响其他组织的活动。此外，蛆虫会分泌多种抗菌物质，已证实对抗药性金黄色葡萄球菌（MRSA）等病原菌有杀菌作用。除了清除坏死组织及抗菌外，蛆虫也有促进新组织再生的功能，一旦腐肉吃尽，新肌肉长成，伤口也就愈合了。从过去长年的研究来看，蝇蛆疗法称得上是一种廉价又安全的疗伤方法。

但蝇蛆疗法也有它施用上的限制。若伤口位于肠管的较大血管壁时，蛆虫的吸食会造成肠管穿孔或大量出血的危险，加上治疗期间不能进行麻醉（免得也麻醉到蛆虫），患者会有痛痒的感觉，想到自己的身体正在生蛆或养蛆，有些人一定会受不了。所以在进行此疗法前，要经过审慎的评估，并为病患做好心理建设。

CHAPTER.5 昆虫与人

如何利用昆虫来判断死亡日期？

在法医学的领域里，判断死亡日期是很重要的一件事，尤其刑事案件往往从这里得到破案的线索。尸体在分解时会发出尸臭，常会引诱尸食性昆虫来此取食或产卵，让孵化幼虫在此发育。借由尸体上的昆虫种类及其幼虫生长的情形等，来推

测死者死亡的时间，这样的研究称为"法医昆虫学"。

在利用野外狗尸所做的调查中发现，狗尸上的昆虫以双翅目与鞘翅目为主，约有 150 种。在新鲜的尸体上最先出现的是肉食性蚂蚁，其后飞来丽蝇类在此产下卵

或幼虫，接着出现的是蚋和麻蝇，过不久出现隐翅虫、葬甲等甲虫，此时蝇类卵已孵化成幼虫开始发育，引来捕食蝇类幼虫的另一群蚂蚁和埋葬虫。蝇类幼虫到了第三龄食量增大，当大部分的肌肉、内脏被吃光，蝇类幼虫便爬出尸体潜土化蛹。当尸体开始变干，只剩皮肤与骨头时，出现皮蠹、阎甲、郭公虫等多种甲虫。

由于分解尸体的主角为丽蝇、蚋、麻蝇之类，因此要先鉴定出尸体上的蝇类种类，并掌握各种蝇类幼虫在不同温度条件下的发育情形。已知蝇类的生活史由卵、幼虫、蛹、成虫所组成，其中幼虫共分3个龄期，第一、第二龄期只有1至2天，较容易识别，第三龄幼虫的识别则相对复杂，可依体内咽头骨的几丁质化程度，判定该幼虫为多少日龄的第三龄幼虫。由于蝇类较喜欢在鼻口、眼角、嘴角等处产卵，可以这里采到且发育最快的标本为准，推断尸体自死亡至采样时的日数，通常测定的结果有助于案情的突破，而最终也和案发的实际情况相符合。不过，在冬天的高山或密闭空间等蝇类不常活动之处，或是蝇类的发育受到药物或杀虫剂干扰的情况下，这种鉴定的准确性就偏低。

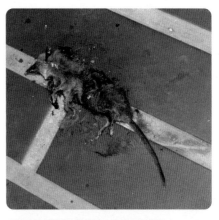

尸体上的蝇类是判断死亡时间的重要线索。

丽蝇

葬甲

CHAPTER 5 昆虫与人

为什么许多基因遗传实验都使用黑腹果蝇？

　　黑腹果蝇是体长 2 至 3 毫米的小昆虫，发育快速，一只雌虫通常可以产下上百粒卵，从卵孵化后经过约 4 天的幼虫期及 5 天的蛹期，羽化为成虫。由于它不会叮咬人，体积小，饲养时不占太大空间，容易管理，且能以简单配方的人工饲料（成虫喜欢发酵的水果，幼虫可用加糖的酵母和琼脂喂饲）大量繁殖，很适合作为需要大量数据的遗传实验的材料，因而受到研究人员的青睐。

　　另一重要的原因是黑腹果蝇只有 4 对染色体（人有 23 对，小白鼠有 20 对），染色体巨大，较容易进行遗传基因分析。但在 1910 年，遗传学家摩尔根（T.H. Morgan, 1866 年~1945 年）率先以黑腹果蝇为材料着手遗传学研究时，却被人讥笑："黑腹果蝇只有 4 对染色体，有什么好做的？"但摩尔根的眼光和选择是正确的，黑腹果蝇染色体的研究带动了遗传基因分析研究，因为这巨大的贡献，他在 1933 年获得诺贝尔生理学或医学奖。

　　附带一提，家蚕（蚕宝宝）也被广泛使用于实验上。因为养蚕的历史超过 4000 年，家蚕已家畜化，为了生产蚕丝，人们做了很多研究，所得到的资料足供实验时重要的参考。

　　不过家蚕的身体比黑腹果蝇大，饲养时需要较大的空间，所需的食物也多，加上完成一个世代的时间需要 1 个多月，要得到实验结果，必须等上一段时间。

黑腹果蝇

Questions &
Answers
about
Insects

CHAPTER 6
乡土昆虫
与保护

台湾有多少种昆虫？

这是个很难回答的问题。台湾的昆虫种类繁多，在昆虫纲32目中，除了蚤蝎目、缺翅目与螳蝎目这三目外，其他29目在台湾都有分布记录。由于每年新发现的昆虫种类为数不少，台湾到底有多少种昆虫很难说，至今已知的昆虫种类超过4万种，一些专家大胆预测将会增加到20万至30万种。

其中较大宗的为甲虫（鞘翅目）类，超过5000种，蜂、蚂蚁（膜翅目）超过3000种，蝇、蚊之类（双翅目）也超过3000种，蛾、蝴蝶（鳞翅目）则超过4000种。这些数值和全球已知种类近200万种相比，仅占约五十分之一至四十分之一，但若以台湾的面积约3.6万平方公里，只占全球陆地的四千分之一来看，台湾称得上是昆虫密集的地区。其实"还有许多未被发现的昆虫"是全球许多地区共通的现象，因此保守估计地球上昆虫的种类数超过1000万种，甚至有人预测会达到8000万种。

蝴蝶、金龟子、天牛、锹甲等大型、容易受到注意的昆虫，由于台湾对它们感兴趣的人较多，相关资料较多也较详细。至于小型或外表不起眼的昆虫，由于研究人力严重不足等原因，我们对它们的了解极其有限。台湾已知的蝴蝶有421种、蛾类超过4000种，相差约10倍，参考昆虫相研究得较详细的地区资料可知，通常蛾类的种类数是蝶类的20至30倍，如此推测台湾应有近万种未被人发现的蛾类。

豹纹尺蛾，台湾的蛾类可能达4万种之多。

细足捷蚁，平常大型昆虫容易吸引目光，踩在我们脚底下的土栖昆虫，也拥有庞大的物种数量。

锥尾回木虫是属于鞘翅目拟
步甲科的昆虫，鞘翅目是昆
虫纲里最大的目。

CHAPTER 6 乡土昆虫与保护

台湾的昆虫从哪里来？

　　简单一句话，它们从台湾的南、北、西三面来，汇集于台湾。其中最大宗的是从西边来的，如在平地较常见的锯粉蝶、波蛱蝶、金裳凤蝶、穿翠凤蝶等，它们和分布在华南或中南半岛的蝶种有近缘关系。分布在高山地域的一些昆虫，如阿里山家蚁、升天剑凤蝶、泰雅晏蜓等，都和喜马拉雅山区分布的昆虫有类缘关系。

　　至于以特有种而著名的台湾宽尾凤蝶，它唯一的近缘种是分布在四川山区的宽尾凤蝶。

　　从北方进入台湾的有拟食蜗步甲、金凤蝶以及菜园中最常见的菜粉蝶等。

　　菜粉蝶本是温带草原地区以十字花科杂草为食物的一种蝴蝶，随着甘蓝、萝卜等广泛栽培于世界各地而扩大生活范围。自从 20 世纪 60 年代末期台湾出现大面积的萝卜、甘蓝、花椰菜栽培区以后，从北方迁移来的菜粉蝶便在此立足，变成蔬菜害虫。

　　在兰屿及台湾南部可以看到不少从南方进来的昆虫，如兰屿特产的荧光裳凤蝶、球背象甲、兰屿大叶螽斯，或以恒春半岛为主要分布地的津田氏大头竹节虫等，它们都是来自菲律宾、马来半岛或波利尼西亚的昆虫。

金裳凤蝶，它的亲缘种分布在华南与中南半岛。

金凤蝶是从北方迁移到
台湾的蝶种。

球背象甲

台湾为何被称为"蝴蝶王国"？

台湾深山锹甲

短腹幽蜓

绍德春蜓

　　面积 3.6 万平方公里的中国台湾，分布着 421 种蝴蝶，约占全球蝶种（15000种）的三十五点五分之一，也就是说在 1 万平方公里的单位面积中，约有 117 种蝴蝶。面积约为台湾地区 10 倍的日本，地跨寒带及亚热带，南北相距达 2000 公里，但仅有 230 种蝴蝶，即 1 万平方公里的单位面积中，蝶种不到 7 种（230 ÷ 37.0 = 6.2），是中国台湾蝶种的二十分之一。

　　位于纯热带地区的马来半岛，约有 900 种蝴蝶，约是中国台湾的两倍，但 1 万平方公里之中的蝶种数量只有中国台湾的一半多而已（900 ÷ 13.1 = 68.7），位于亚寒带的英国已知有 68 种，1 万平方公里中的蝶种是 2.8 种（68 ÷ 24.4 = 2.8）。台湾被称做"蝴蝶王国"，可说是当之无愧。

　　其实中国台湾除了盛产蝴蝶之外，也拥有多种蜻蜓。日本自古以来号称"蜻蜓国"，已知约有 200 种蜻蜓，是全球已知蜻蜓种类的三十分之一，由于已调查得相当彻底，种类数再增加的可能性已不大；中国台湾已知约 160 种，但种类数还可能增加。锹甲盛产于热带地区，全球已知约 1000 种，在日本仅知约 30 种，但在中国台湾已知的种类超过 60 种，和蜻蜓一样，新种很可能陆续被发现。由此可知，台湾虽是一个小岛，但有意想不到的多种昆虫密集在此，其中包括不少台湾的特有种，在台湾已记录的 421 种蝴蝶中，约 30 种是只分布于台湾的特有种。

曙凤蝶

宽尾凤蝶

昆虫保护的基本概念是什么？

　　一些昆虫因为身体大型、外形美丽或是发生量少，成为我们保护的对象，受到禁止捕猎的保护。这种做法大致依照保育鸟类、哺乳类动物等的措施。其实昆虫的特性和受到保护的脊椎动物有很大的差异。

　　首先，保护类昆虫虽然身体大型，但和脊椎动物相比还是很娇小，如台湾最大型的昆虫——长臂金龟体长不过6至7厘米，不到麻雀的大小，虽然从卵期到成虫期长达2至3年之久，发育速度仍比多数脊椎动物快。昆虫的繁殖力强，大多数昆虫可产上百至上千粒卵，甚至也有如蝙蝠蛾产下上万粒卵的，像粪金龟之类一只雌虫只产约20粒卵，是例外中的例外。产卵数大，表示昆虫遇到天灾或人为的捕获时，只数虽然减少，但具有立刻恢复存活数的潜力。

　　更值得注意的是，大多数雌虫找到适当的产卵场所后，在此产完卵便马上离开，让孵化的若虫或幼虫自立，因此即使雌虫被捕杀，后代照旧顺利地发育。然而鸟类、哺乳类在产卵或生产后还有孵蛋、哺育的工作，甚至有一段时期父母亲代一起觅食喂养雏鸟、幼兽，当鸟类、哺乳类父母中有一位被捕杀，后代往往也失去生存的机会。换句话说，捕猎对它们的生存造成很大的压力，禁止狩猎保护类鸟兽是绝对必要的。

　　举例来说，体长十多厘米的津田氏大头竹节虫，白天躲在林投叶基部，晚上大量取食林投叶，由于它利用绿色的体色为掩护，贴在叶片上，要一下子发现它并不容易（但可以由食痕和所排泄的大量粪粒为线索找到它）。此外，林投叶茂密有刺，要深入林投丛采集它又是件难事。它一年发生一代，一只雌虫的产卵数为150至200粒，不算多。雌虫随意把卵产在地上看来很不尽责，幸好卵呈椭圆形，暗褐色，长、短径各8毫米及5毫米，像极了雌虫的粪粒，也像一些植物的种子，因此要在林投丛的地上辨认出它来并不容易。孵化若虫呈绿色，孵化不久就自己爬上附近的林投上，借着保护色自力更生。

　　在这样的条件下，若是容许采集津田氏大头竹节虫，能够采到的数量很有限，即使采到一半的成虫，逃过一劫的多数若虫和卵至翌年便发育完成，恢复原先的栖息只数。其实为开辟道路、建盖房屋而砍掉林投树丛所造成的栖地破坏，对竹节虫影响才大，不但成虫、若虫失去藏身及取食的场所而性命不保，散在地上的卵往往也因为暴露于地面而干死，即使幸运孵化，仍会因为无栖身之所而灭绝。

　　总之对昆虫而言，人为采集所导致的后果，远不如栖息环境的改变或破坏来得严重且影响深远。保存栖地的完整才是落实昆虫保育的大原则。

产卵量不高的蜣螂

津田氏大头竹节虫的卵

津田氏大头竹节虫

如何保护长臂金龟？

长臂金龟的生存时间可达 2
至 3 年之久。

　　长臂金龟雄虫是中国台湾最大型的甲虫，体长 6 至 7 厘米，有长达 10 厘米的前足，是保护类昆虫。它栖息于中海拔的深林里，我们对它的生活习性所知有限，从它的近缘种、分布在日本冲绳本岛的山原长臂金龟的生活习性推测，成虫在初夏开始出现，不久就交尾、产卵，孵化幼虫经过漫长 3 年的幼虫期才化蛹，以蛹度过冬天，至第 4 年羽化，变为成虫。

　　幼虫的寄主植物是壳斗科数种树木，它取食树洞里堆积的片状腐殖质（腐殖片）维生。由于幼虫体型大，取食量大，且幼虫期长达 3 年，通常树龄超过 150 年的老龄巨木才有足够的腐殖片供幼虫发育，因此雌虫专门挑选这些巨大的树洞产卵。而树龄超过 100 年的巨木通常长在深

山里，即使我们用捕虫网捕捉，顶多也只能捉到整个种群的几十分之一。但若是砍掉这棵巨木就非同小可，不但树洞里正在发育的幼虫和蛹遭殃，成虫也失去生活基地，这样的影响远比捕捉成虫要大许多。

　　那么可不可以留下有树洞的巨木，只砍伐周围的小树呢？这样也不行，长臂金龟将无法生存。因为巨木周围若没有其他树木，由于通风太好，树洞里的腐殖片很容易就干掉，不再适合幼虫取食，此外其他植物的种子也容易被风吹进树洞，在此萌芽，以腐殖片为养分而发育，夺去幼虫所需的食物。因此，只为了维护一个巨木的树洞，还是得保留大面积森林，并且为了避免长臂金龟近亲交尾，保留区内还要保留一些树洞，让一群长臂金龟在此生活。

如何保护蜻蜓？

　　台湾已知有 150 种以上的蜻蜓，其中包括停息时竖立翅膀的豆娘、色蟌类，平置翅膀的晏蜓、蜻蜓，它们各有各的生活习性。

　　有些种类以河川、溪流为主要的生活场所，有些则生活在池塘、湖沼。产卵时有些种类直接把卵撒产在水中，有些产卵在水栖植物的茎中、水中的朽木上等，因此在保护蜻蜓时，要考虑到这些因素。

　　蜻蜓的稚虫（水虿）都生活在水中，水虿期通常长达数个月至两三年。由于居优势的雄虫拥有自己的领域，会在此巡回并等候雌虫进来交尾，因此划定保护区时必须要含括数个雄虫的领域才行，否则以后产生的后代来自少数雄虫，不能维持种群中的基因多样性。

　　我们常在树林里甚至山顶等离水域相当远的地方，看到尤其是晏蜓等大型蜻蜓在飞翔。这是因为它们在水域巡回、交尾、产卵后，便暂时离开，飞进树林等猎物（小昆虫）较多的地方补充营养，然后再飞回水域继续繁殖。

　　因此在划定保护区时，还必须选择水质良好且面积足够让多只雄虫拥有领域的各种水域，并且考虑到有可供成虫猎食的场所。

干净的水域是维持蜻蜓种群重要的环境因素。

华斜痣蜻

晓褐蜻

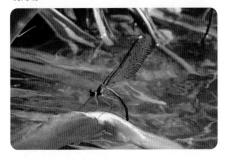

正在产卵的白痣单脉色蟌

全球变暖对昆虫有何影响？

温度对昆虫的发育有很大的影响。昆虫是变温动物，一般来说在10摄氏度以下停止活动、发育，至10摄氏度左右开始发育，此时的温度叫生理零点。然后随着温度的升高而加速发育，以25至30摄氏度最适合发育。温度若再升高，就会出现高温障碍，到了37至38摄氏度则已接近致死高温。当温度过低或过高，它们会躲在落叶、树皮底下或其他裂隙等处避寒、避暑，所以我们感受到的气温与昆虫栖所的温度常有一段差距。

近年来全球变暖导致春天来得早，冬天来得晚，拉长了昆虫发育及活动的时间，因此我们比以往更早看到蝴蝶、蜻蜓、萤火虫，迟至秋末温度才降到它们的生理零点，换句话说，它们的发育、活动期延长了。但温暖化也带来负面的效果：随着一些冬伏春出的害虫提早并延长它们的活动期，危害期也延长了。例如冬天可能出现一群苍蝇、蚊子骚扰我们；在田间一些农业害虫由于发育、活动期延长，在温暖的气候下食量大增，产下更多的卵，危害量也跟着增加。

让农业昆虫专家更担心的是蚜虫、蓟马、叶蝉等害虫的猖獗，这些害虫本来在低温就可以发育，完成一个世代的时间很短，在台湾一年可发生7到8代，甚至10代以上，如今受到全球变暖的影响，除了发育、活动期延长，一年的发生代数还增加了2到3代。它们之中不乏农作物病害的传播者，不管是直接危害农作物，

黄花菜蚜虫

或传播病原菌间接导致病害大发生，全球变暖都是我们应正视且防范的问题。

近百年来地球的温度不断升高，平均气温22摄氏度的台北，据推测，100年后将变为27摄氏度，成为纯热带性气候，或许可以看到鸟翼蝶、五角兜虫等东南亚产的一些昆虫。以100年升5摄氏度，1年只升0.05摄氏度来看，多数昆虫每年往北移动一点，可以适应这种自然的变化，例如日本温带地区最近十多年就屡见眼蛱蝶、小团扇春蜓等亚热带性昆虫。但那些在寒带生活、在高山地带栖息的昆虫将会受到高温的影响，由于不能再往上迁移而面临绝迹的危机。

其实不只寒带、高海拔，在热带至温带的平地也会发生严重的情形，因为包括昆虫在内，所有的动物直接或间接依赖植物维生，植物若不耐高温而枯死，昆虫将难逃灭绝的命运。

歌利亚鸟翼凤蝶

小团扇春蜓

可不可以采集昆虫？

在保护大自然、爱护动物意识高涨的今日，昆虫的采集常受到一些人的批评。的确采集昆虫后触摸昆虫的身体，把它弄死或制成标本等一些动作，对昆虫而言是残虐的，但从"昆虫的保护必须从了解它的生活习性开始"这个角度来看，昆虫的采集是必要的。

昆虫身体小，只在野外观察，无法知道它的习性、行为和身体构造的关系，只有把它捉来用肉眼或放大镜详细观察，才能真正认识它。另一重点是，由于昆虫类似的种类很多，在保护工作中确定保护对象是很重要的。蝴蝶算是较大型昆虫，有经验的人在野外看到一只蝴蝶，就知道是哪一种蝴蝶，这些人之所以具有这种高度鉴定能力，都是从多次的采集活动中训练出来的。

采集的另一个优点是能拉近和昆虫的距离，对昆虫有亲近感，这点是推动昆虫保护工作时不能忽略的。不管是在野外亲身观察，或通过照片、影片观察，都能培养出对昆虫的兴趣，但若能亲手触摸，应该会倍感亲切。

为了更加了解昆虫，培育对昆虫的亲近感，并落实昆虫保育工作，我认为昆虫采集是值得做的。当然光是用手触摸，对娇小的昆虫已是莫大的伤害，它们被放回野外，存活的机率已降低许多，这样的牺牲不小，我们在采集时一定要牢记这点，并善加利用它们，不要白白浪费它们的生命。再者，以昆虫维生的虫食性动物不少，在与这些天敌上亿年的生存竞争中，

昆虫发展出惊人的繁殖能力，得以建立现有的繁荣地位，虫食性动物的猎食对昆虫种群的影响尚且有限，何况是因采集而身亡的昆虫呢！

生态调查还是要从昆虫采集开始。

使用马氏网可采到一些平常不太注意到的小型昆虫。

捕虫网是最常用且方便的采集工具。

宠物昆虫带来什么样的问题?

过去的宠物昆虫以蟋蟀、螽斯等会鸣叫的昆虫为主,或是就近捉到独角仙、锹甲等,让它们打架,不想玩了,就放它们走,这样的饲养态度对当地的昆虫分布不会有很大的影响。但随着人们生活水平的提高,宠物昆虫的种类大为改变。现在在宠物店可以看到从非洲、南美或东南亚进口的一些巨型或怪异的甲虫,如非洲大王花金龟、长戟大兜虫、南洋大兜虫、长颈鹿锯锹等,且要价不便宜。

以昆虫为宠物本是正当且值得推广的行为,但和养狗养猫一样,会有放生或弃养的问题。有些人出于某种理由,不能继续养狗,就把狗放到外面,让它自己谋生,大多数的流浪狗就是这样来的。昆虫由于身体小,多数都会飞翔,除了被弃养,自己溜出饲养场所的机率也不低,而且娇小的体型让它不易被人发现,只需小小的栖所和少量的食物,就可以立足,因此它们一旦被放到野外,影响的层面或许比流浪狗还要大。

非洲大蜗牛的例子就是前车之鉴。1933 年,一位在中国台湾服务的日籍卫生专家趁着到新加坡开会的机会,以宠物动物的名义带进 20 只非洲大蜗牛返台,并且大肆宣传其药用及食用功能,结果造成非洲大蜗牛身价暴涨,当时基层公务人员的月薪是 70 至 80 日元,一只成熟蜗牛值 5 日元,甚至曾喊到一对 80 日元的高价。

不过由于非洲大蜗牛饲养容易、繁殖快速等,价钱很快就暴跌,遭人弃养,不到 5 年的时间,竟成侵扰多种农作物的有害动物,直到 20 世纪 60 年代危害才减缓。

以日本开放外国产活锹甲进口为例,每年进口只数多达数十万只,掀起养出更巨型锹甲的热潮,由于大颚多长 1 毫米,身价就高出数万日元,20 世纪 90 年代日本出现一些锹甲专卖店。这股热潮固然能促进锹甲饲养技术的突破,但也引来一些问题,例如饲养者没有达到预期的目标,又舍不得把它杀死,而将它弃养于野外。这些美其名曰被"放生"的宠物昆虫,不但变成本地种的竞争对手,甚至与本地种交尾,产下混血种,危及原有生物多样性的保存。

台湾大锹与长角大锹名列台湾 18 种保护类昆虫之中,虽然目前野外并未出现外来种与本地种锹甲的种间竞争,也不见混血种的有关报告出现,但一些大型锹甲的进口令人忧心。例如体长达 10 至 11 厘米的巨大种巴拉望巨扁锹甲,以及大力士扁锹(后者不但体长不输前者,连雌虫也有强烈的攻击性),和台湾大锹与长角大锹同属于大锹甲属,万一它们在进口后逃到野外或有人将之野放,上述两种保护类锹甲以及其他外来种锹甲的命运会如何,实在难以预料。

长角大锹

台湾大锹

进口的波丽菲梦斯角金龟

作者后记之一

刘大钺摄

诚如序言中提过的，本书介绍的 Q&A 不过是九牛一毛，还有很多问题可以提出来，而且我相信其中不少问题目前还没有答案，甚至没有寻找答案的线索。自古希腊时代起，昆虫就是人们注意的动物，经过数千年，昆虫研究仍然有广大的空白。换言之，昆虫学是一门还有许多开发及利用空间的学科，期盼各位以本书当作起点，想到更多的 Q，去发掘更多的 A，我想你一定会惊讶地发现，人们对昆虫的了解是多么的少，昆虫世界是多么的博大精深，还有许许多多是有心人可以创业发展的方向。

在此要感谢大树总编辑张蕙芬小姐，有远见且有魄力地投入自然教育，将许多学校老师没教的知识传递给社会大众，她愿意给长年在象牙塔的我机会，试着用浅显的文字和一般读者分享昆虫学知识，我觉得很荣幸，也深深着迷于这项挑战。也很感激台大昆虫学系的系主任石正人教授，他放下忙碌的工作，花心思写下别具特色的推荐文，让我受宠若惊，也勾起我许多珍贵的记忆。另外，书中有一幅难得的螳螂摄影，是中兴大学昆虫系杨曼妙教授提供的，在此致上我最深的感谢。

本书的摄影及绘者卢耽提供四百多幅精彩的作品，不只使本书增色不少，也让一向自己画黑白铅笔插图的我，省去不少苦工，我很感谢他。值得一提的是，他负责严谨的态度和开朗的个性，让我们的合作过程既顺利又愉快，能认识这样一位热爱昆虫的青年伙伴，是我天大的福气。

在此也要感谢大树的美术设计黄一峰先生，再次以他的专业素养将文字和图片整合成如此令人愉悦的版面，并且在有限的时间里不厌其烦地为本书做琐碎的修改。他的用心想必读者也看到了。

最后仍然要感谢长期协助我处理文稿的游紫玲小姐，她的鼓励和督促，是我持续写作的最大动力。十三年前她的一句"你快，我才能快"挑起我的好胜心，开启我愉快且忙碌的科普写作生涯，我真的很感谢她的一路相挺。

朱耀沂

作者后记之二

　　昆虫是地球上丰富度最高的生物，虽然有些骚扰性种类，但整体而论，人类与昆虫的关系是唇齿相依，如果没有它们，不仅马上造成严重的饥荒，地球也会变成超级大垃圾场。这些可爱的小家伙，有着许多不可思议的生命本能与趣味点，越深入观察就越容易着迷，越加赞佩这些小生物的生命智慧。朱老师一向擅长以活泼趣味的笔调，将高深的昆虫学知识简单地描述出来，因此阅读他的文字就像是读故事书般的轻松有趣，在不知不觉中吸收到分量十足的昆虫知识。本书算是朱老师最浅显易懂的昆虫学著作之一，除了适合学生当作课辅阅读书籍外，也是最有趣的科普读物，可让人再三回味他的文字风格与学术涵养。

　　在学校读书时，虽然朱老师的实验室就在隔壁，但总无缘接受这位生物学界大佬的指导，这回有机会与老师合作，觉得既开心又荣幸。在出书的过程中，这位昔日望之俨然、体格壮硕的朱老师总是不吝提出他的意见，严谨中带着幽默，与他接触备感温馨，也令我愈加崇仰他森严的学术巨塔。每次编辑会议，我们总在谈笑声中很有效率地达成进度，在他的叮咛之下，即或截稿的时间迫促，我也不敢马虎，深怕不符老师的期望。

　　书中的摄影与绘图，朱老师都很细心地准备许多参考资料，替我省下不少找数据的时间。和朱老师的合作，让我受益良多。

　　昆虫种类繁多，本书的四百多张图片只能约略勾勒出它们小而美、小而妙的一面。由于时间有限，加上自我学养不足，未尽善之处在所难免，若有误植或不明确之处，敬请读者专家包容赐教。

谢正孚摄

图书在版编目(CIP)数据

昆虫 Q＆A/朱耀沂著；卢耽摄影、绘图.—北京:商务印书馆,2015(2022.6 重印)
(自然观察丛书)
ISBN 978-7-100-11348-9

Ⅰ.①昆⋯ Ⅱ.①朱⋯②卢⋯ Ⅲ.①昆虫—普及读物 Ⅳ.①Q96-49

中国版本图书馆 CIP 数据核字(2015)第 127371 号

本书由台湾远见天下文化出版股份有限公司授权出版,限在中国大陆地区发行。

昆虫 Q&A

朱耀沂 著

卢 耽 摄影、绘图

商 务 印 书 馆 出 版
(北京王府井大街 36 号 邮政编码 100710)
商 务 印 书 馆 发 行
北京中科印刷有限公司印刷
ISBN 978-7-100-11348-9

2015 年 8 月第 1 版 开本 880×1240 1/32
2022 年 6 月北京第 5 次印刷 印张 6¾
定价:80.00 元